海底管道的热弹性与热屈曲
Thermoelasticity and Thermal Buckling of Submarine Pipelines

赵天奉 著
Zhao Tianfeng

石油工业出版社

内容提要

本书针对保温海底管道的热弹性与热屈曲问题,推导了单钢保温管道和刚性连接双钢保温管道温度应力计算的解析表达式,创建了完整的海底管道热屈曲评价分析方法,考察了典型保温管道的垂向热屈曲和侧向热屈曲特性,探讨了利用预热提升高温管道热稳定性的工程技术方案。

本书可供海底管道结构设计人员与海洋油气工程专业科研人员参考,亦可作为相关专业研究生课程的教学参考书。

Summary

This book proposes analytical expressions calculating thermal stresses for Cased Insulated Flowlines and no-complicant pipe−in−pipe systems, and also complete evaluation methods on thermal buckling of several types of submarine pipelines. The characteristics of upheaval buckling and lateral buckling of insulated pipelines, and technology schemes improving thermal stabilities of high−temperature pipelines are also discussed.

This book is available for subsea pipeline designer and offshore oil and gas researchers, and as a teaching reference book for graduate programs.

图书在版编目(CIP)数据

海底管道的热弹性与热屈曲 / 赵天奉著 .
北京:石油工业出版社,2014.10
ISBN 978−7−5183−0334−2

Ⅰ . 海⋯
Ⅱ . 赵⋯
Ⅲ . ① 海上油气田 – 水下管道 – 热弹性 – 研究
   ② 海上油气田 – 水下管道 – 热屈曲 – 研究
Ⅳ . TE973.9

中国版本图书馆 CIP 数据核字(2014)第 194784 号

出版发行:石油工业出版社
　　　　　(北京安定门外安华里 2 区 1 号　100011)
　　　　　网　　址:www.petropub.com
　　　　　编辑部:(010)64523537　发行部:(010)64523620
经　　销:全国新华书店
印　　刷:北京中石油彩色印刷有限责任公司

2014 年 10 月第 1 版　2014 年 10 月第 1 次印刷
787×1092 毫米　开本:1/16　印张:9.25
字数:233 千字

定价:58.00 元
(如出现印装质量问题,我社发行部负责调换)
版权所有,翻印必究

前 言

保温管道系统的热应力计算与热屈曲评估,以及高温管道的抗屈曲设计,既是海底管道结构设计的难点也是海洋工程领域科学研究的前沿。本书以此为重点,着眼于解决实际海底管道工程的具体问题,利用数学模型建模求解与有限元模拟分析,提出了相应的工程分析方法,获得了切实可靠的定量结论,丰富和完善了海底管道的热弹性与热屈曲理论。

现阶段保温管道主要应用于浅水或中等水深海上油田的开发,但在设计分析、安装施工、试压投产、检测监测的各个环节仍存在理论和技术难点等待突破。长远来看,提升管道结构的热承载能力、挑战高温输送的工程极限,是深水原油管道外输的客观要求。未来10年新型海底管道结构必将不断出现和完善,创新性的抗屈曲措施也会在管道项目的经验积累中得到认可和采纳,而安全性、可靠性和经济性始终是这些策略实施的评判指标,针对这些方向的研究也将成为前沿和热点。作者期待本书起到抛砖引玉的作用。

本书部分内容选取自作者在大连理工大学船舶工程学院的博士毕业论文(2008年11月),在此向段梦兰、黄一两位导师表示衷心感谢!同时感谢中海油海管专家赵冬岩、贾旭、曹静、潘晓东的长期指导!

受到研究水平和研究程度的限制,书中内容和结论的不足之处敬请专家学者指正。

赵天奉
2014 年 6 月

Preface

Thermal stress calculation and thermal buckling evaluation of insulated pipelines and buckling resistant designs of high temperature pipelines, are all difficulties in structural designs of submarine pipelines and also scientific research frontiers in the field of ocean engineering. This book focuses on solving specific problems in real submarine pipeline projects, based on mathematical models and finite element analyses, to put forward the corresponding engineering analysis methods, to obtain practical and reliable quantitative conclusions, to enrich and improve thermoelastic and thermal buckling theories on high-temperature subsea pipelines.

Currently insulated pipelines are mainly used in the development of offshore oil fields of shallow or medium depth water, but many theoretical and technical difficulties are still waiting for breakthroughs, in design and analysis, installation and testing, monitoring and inspection. The long term, improving the capacity of heat pipeline structure is an objective requirement for the crude oil transportation in deep water. The next 10 years, new types of pipeline structures are bound to emerge, and also creative high-temperature solutions. The safety, reliability and economy are always judged indicators when these strategies implemented, so researches on these directions will also be frontier and hot. This book intends to propel further researches on this issue.

Part of this book is selected from the author's Ph.D. dissertation in School of Naval Architecture, Dalian University of Technology. To express my sincere gratitude to the two instructors, Duan Menglan and Huang Yi! Also thanks to long-term guidances from CNOOC subsea pipeline experts, Zhao Dongyan, Jia Xu, Cao Jing and Pan Xiaodong!

Limited by the research level and degree of the author, the contents and conclusions of this book may be inadequate. Please experts and scholars criticize it.

Zhao Tianfeng
June 2014

目　　录

第一章　绪论……………………………………………………………… 1
第一节　海底管道热屈曲研究的意义 ……………………………………… 1
第二节　海底管道热屈曲失效的典型案例 ………………………………… 2
第三节　海底管道热屈曲的国内外研究现状 ……………………………… 4
第四节　高温海底管道设计面临的主要困难 ……………………………… 6
第五节　本书主要的研究内容与进展 ……………………………………… 7
参考文献 ……………………………………………………………………… 8

第二章　海底管道的温度应力计算 …………………………………… 10
第一节　保温海底管道的典型结构 ……………………………………… 10
第二节　刚性连接双钢保温管道的温度应力计算 ……………………… 12
第三节　单钢保温管道的温度应力计算 ………………………………… 25
第四节　保温管道温度应力计算的子结构法 …………………………… 32
本章小节 …………………………………………………………………… 53
参考文献 …………………………………………………………………… 53

第三章　海底管道热屈曲的理论与分析方法 ………………………… 56
第一节　海底管道热屈曲的经典理论 …………………………………… 56
第二节　热屈曲分析的广义算法 ………………………………………… 62
第三节　高温管道热屈曲分析的有限元技术 …………………………… 66
第四节　热屈曲分析有限元方法的验证 ………………………………… 68
第五节　铺设不直度对管道热屈曲特性的影响 ………………………… 71
本章小节 …………………………………………………………………… 73
参考文献 …………………………………………………………………… 74

第四章　保温管道系统的侧向热屈曲 ………………………………… 75
第一节　双钢保温管道侧向屈曲的特点 ………………………………… 75
第二节　柔性连接双钢管道系统的侧向屈曲 …………………………… 76
第三节　刚性连接双钢管道系统的侧向屈曲 …………………………… 82
本章小节 …………………………………………………………………… 88
参考文献 …………………………………………………………………… 88

第五章　保温管道系统的垂向热屈曲 ………………………………… 89
第一节　双钢保温管道的垂向屈曲 ……………………………………… 89

第二节　单钢保温管道的垂向屈曲 …………………………………… 93
　　本章小节 ……………………………………………………………… 104
　　参考文献 ……………………………………………………………… 105

第六章　高温海底管道抗屈曲设计的新方法 ……………………………… 107
　　第一节　抗屈曲设计的工程现状和研究背景 ………………………… 107
　　第二节　侧向（预）屈曲方案的研究目标和相关技术 ……………… 109
　　第三节　预热屈曲埋设技术 …………………………………………… 111
　　第四节　分阶段两次挖沟预热止屈技术 ……………………………… 119
　　本章小节 ……………………………………………………………… 129
　　参考文献 ……………………………………………………………… 129

第七章　结论与展望 ………………………………………………………… 131

附录 A　特征值屈曲预测 …………………………………………………… 133

附录 B　改进的 Riks 算法 ………………………………………………… 136

Contents

Chapter 1 Introduction ··· 1
    Section 1 Significance of subsea pipeline thermal buckling studies ············ 1
    Section 2 Typical failure cases of subsea pipeline thermal buckling ············ 2
    Section 3 Present research situation of home and abroad ······················· 4
    Section 4 The main difficulties faced by HT subsea pipeline design ············ 6
    Section 5 This book's contents and progress ······································· 7
    References ·· 8

Chapter 2 Thermal stress calculations of submarine pipelines ·············· 10
    Section 1 Typical structures of subsea insulated pipelines ······················ 10
    Section 2 Thermal stress calculation of no-compliant PIP systems ············ 12
    Section 3 Thermal stress calculation of Cased Insulated Flowlines ············ 25
    Section 4 Substructure method for insulated pipelines ··························· 32
    Chapter Summary ·· 53
    References ·· 53

Chapter 3 Thermal buckling theory and analysis methods ···················· 56
    Section 1 Classical thermal buckling theories of submarine pipelines ········ 56
    Section 2 The generalized algorithm of thermal buckling analysis ············ 62
    Section 3 FE techniques for HT pipeline thermal buckling analyses ·········· 66
    Section 4 The verification of these proposed FE methods ······················ 68
    Section 5 Imperfection effects on thermal buckling characteristics ············ 71
    Chapter Summary ·· 73
    References ·· 74

Chapter 4 Lateral buckling of insulated pipelines ································· 75
    Section 1 Thermal buckling characteristics of PIP systems ····················· 75
    Section 2 Lateral buckling of compliant PIP systems ···························· 76
    Section 3 Lateral buckling of non-compliant PIP systems ······················ 82
    Chapter Summary ·· 88
    References ·· 88

Chapter 5 Upheaval buckling of insulated pipelines ····························· 89
    Section 1 Upheaval buckling of PIP systems ······································ 89
    Section 2 Upheaval buckling of Cased Insulated Flowlines ···················· 93
    Chapter Summary ·· 104

References	105
Chapter 6　New solutions for high-temperature pipelines	**107**
Section 1　Industry status and research background	107
Section 2　Objectives and techniques of lateral buckling (or prebuckling) solutions	109
Section 3　Prebuckling before pipeline burial	111
Section 4　Segmented ditching and hot water flushing	119
Chapter Summary	129
References	129
Chapter 7　Conclusions and prospects	**131**
Appendix A　Eigenvalue buckling prediction	**133**
Appendix B　Modified Riks Algorithm	**136**

第一章 绪 论

第一节 海底管道热屈曲研究的意义

海底管道是海洋油气输送的主要方式之一,由于具备较高的生产效益而得到了广泛应用,但同时海底管道的安全性也一直是人们关注的焦点,管道一旦泄漏将带来油田停产、水下维修、环境污染等诸多棘手问题。海底管道的可能失效方式主要包括屈服、稳定性失效(失稳或屈曲,后者包括局部屈曲和整体屈曲)、疲劳和断裂4个方面。对于屈曲失效行为,从局部来看,管道属于薄壁壳体,可能发生局部压溃屈曲;从整体来看,管道则属于杆件,有可能在轴向力作用下发生整体屈曲,即欧拉屈曲。

对已经就位的海底管道来说,管道所承担的荷载主要包括安装相关荷载、环境荷载及功能荷载。具体地,这些载荷可以看作以下变量的函数:环境条件,输送压力和温度,管道的承载历史与安装预张力,海床基础的几何形态、承载特性与摩擦条件,以及管沟冲刷、淤积与回填的状况等。其中轴向载荷是高温管道承载的主要方面,也是导致其整体失稳的原因。对于具体一条海底管道而言,一般难以精确得到某一时刻其路由某一位置上的轴向载荷,但从普遍意义上来讲,约束状态下输送介质的温度与压力是最主要的轴向载荷原因。尤其当输送流体温度超过 100℃,流体压力接近或超过 10MPa 时,功能荷载在管道内引发较大的轴向力几乎是不可避免的。温变和输送压力引起的管道轴向力很难也不允许利用管道的轴向伸长来释放,却很可能在管道路由某位置处以整体失稳的形式突然释放,此即海底管道的热屈曲。

图 1.1 显示三分之一以上的北海原油管道遇到过热屈曲失效问题,图中每个点代表一个管道项目,其中三角形标志表示该管道出现过热屈曲。该图同时表明,尽管已经充分了解高温管道的热屈曲风险,很多管道项目却仍然无法避免热屈曲导致的失效。这主要是因为,从流动保障的角度出发,为避免原油中的石蜡成分在管壁上沉积及水合物的生成,管道的输送温度需要保持在一个最低的限度之上,高温对介质输送有利,却给管道结构带来了热屈曲问题,因而现行的海底管道设计规范均对管道的热稳定性提出了要求。工程上校核管道热稳定性一般在详细设计阶段实施,此时管道的设计温度与输送压力已经明确,管材的壁厚选择和钢级选择都已经完成,屈曲分析一般用来进一步检验管道的安全性。但是在某些条件下,热屈曲也可能成为管道设计的控制因素,比如深水条件下一般难以对管道进行挖沟埋设,此时高温管道项目能否得以实施,关键就在于能否保证高温荷载下管道的热稳定性。

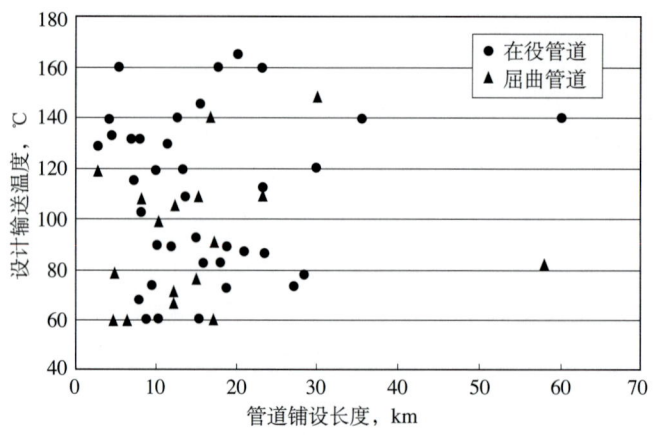

图 1.1 北海管道的屈曲事故

Figure 1.1 The occurrences of pipeline buckling in North Sea

管道内介质温度高对其流动有利，但增加了管道结构设计的难度；反之，降低管道内介质的温度可使管道结构设计相对简单，但又可能导致石蜡沉积及水合物的生成，迫使管道经常需要停输检修。随着管道长度和所在水深的增加，这一矛盾就更加突出。世界各石油公司为此作了大量研究，在进一步完善管道热屈曲理论的同时也获得了很多工程上的成功，这些管道项目要么成功地避免了热屈曲的发生，例如采用增加管道约束、提高管道刚度、冷却输送介质等措施或是选用双钢保温管道输送；要么成功地释放了管道内的轴向力，例如安装热补偿器、蛇形铺设管道或是设法增加管道的预张力等措施，而这些工程的成功无一例外是建立在对海底管道高温屈曲过程深刻理解基础上的。工程上的成功检验了热屈曲研究的成果，同时新的高温输送项目也对海底管道热稳定控制提出了更高的要求，因此探讨海底管道热屈曲的发生机理，揭示海底管道的后屈曲响应特征以及发展新的高温管道抗屈曲措施都具有现实的工程意义和较高的理论价值。

第二节　海底管道热屈曲失效的典型案例

面对高温荷载下管道的热屈曲风险，设计人员探索并尝试应用了各种工程措施，其中大多数获得了成功，但仍有一些管道发生了严重的屈曲失稳乃至破坏，下面介绍三个典型的高温管道失效案例。

一、Petrobras 单层高温管道破坏

Petrobras 管道铺设于沼泽地带及 Guanabara 海湾，将炼油厂 92℃高温稠油输送至港口，该管道长 15km，外径为 16in，壁厚为 7.9mm，由 API X52 钢制成，外包有混凝土配重层。该管道投入使用后不久，其 Guanabara 海湾近岸段因上覆软质海土被冲刷导致发生侧向屈曲并破裂（图 1.2），当时屈曲引起的最大侧向位移达到了 4.5m。该管道最终被废弃，取而代之的是一条蛇形铺设的新管道。

图 1.2 Petrobras 管道的侧向屈曲和破裂

Figure 1.2　Buckling and fracture of Petrobras pipeline

二、Rolf A/Gorm E 油气混输管道接头开裂

北海 Danish 区块 17km 长的 Rolf A/Gorm E 油气混输管道由 8in 的输送内管（外径 8.625in，壁厚 14.3mm，材料为 API X52 钢）和高密度聚乙烯外管组成，管间为 2in 厚的聚氨酯保温层 (PUF)，聚乙烯外管还有包裹有 2in 厚的混凝土配重层。该管道于 1985 年夏用常规方法铺设在北海，当地水深 40m，管道埋深 1.15m，1986 年 1 月投入使用，输送介质温度为 82℃。1986 年年检发现，管道在距离 Rolf 平台 0.3km 处暴露出海床 1.1m，即在此处发生了幅度为 2.6m 的垂向屈曲。该管道在埋设前曾遭受渔船拖网的剐蹭，损伤位置达 10 余处，而之后的修复过程则留有垂向的初始变形，因此易诱发垂向屈曲。

在发生垂向屈曲的位置，管道现场接头聚乙烯外管拉脱，导致该接头的密封作用失效（图 1.3），同时发现管间 PUF 被压缩到只有原来厚度的一半，为防止海水进入保温层，屈曲位置的 6 个管道单根被更换，并在上方堆积碎石以防止管道再次屈曲。

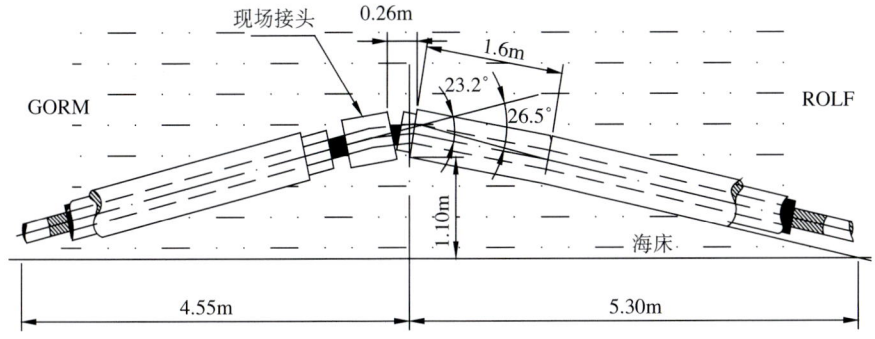

图 1.3　现场接头聚乙烯外管拉脱

Figure 1.3　Geometry of the exposed pipe section

三、Erksine 双层高温管道破坏

Erksine 是英国大陆架开采的第一个高温高压油田。Erskine 管道长 30km，水深 92m，由 16in 内管和 20in 外管构成，设计温度为 150℃，为避免热屈曲破坏，该管道在海床上被铺设成蛇形。

该管道于 1997 年底投入使用，2000 年 1 月 8 日因压力降低而中断生产，在随后的调查中发现，该管道一处严重破坏，另外还有 9 处发生了外管损伤。Erksine 管道破坏的原因被分析为：尽管管道被铺设成蛇形，但高温引发的侧向屈曲未能全部发生在之前设计的位置上；管道侧向屈曲的发生幅度与管道—海床间的相互作用程度密切相关，原设计中采用的海土参数不尽合理，低估了管道的热屈曲应变。整条管道随后被彻底更换，新管道的结构与旧管道相同，但被埋入了海床，并应用预冷设备将输送介质温度降到了 120℃，新管道于 2000 年 11 月底投入使用至今。

第三节 海底管道热屈曲的国内外研究现状

影响高温管道发生垂向或侧向屈曲的因素主要包括：管道及输送介质的水下重量、土壤约束力、随海床起伏变化的管道初始构形、管道的抗弯刚度、管道内介质的温度及管道末端的约束条件等，各国的学者对这些设计因素进行了研究。

1984 年 Hobbs 发表了海底管道热屈曲研究的首篇论文，针对单层管道的垂向屈曲和前四阶模态的侧向屈曲，推导了用于计算屈曲波长、屈曲轴力和屈曲位移幅值的解析公式，这些结论后来得到了普遍的认可和广泛的引用[1]。Hobbs 和 Liang 在后来的研究工作中，应用该方法解决了半无限长管道的热屈曲问题[2]。同时代的 Taylor[3-5] 与 Palmer[6-8] 同样用解析方法研究了海底管道热屈曲问题，并在理论模型和实验中考虑了管道初始铺设挠度的影响。Pedersen 等[9] 和 Schaminee 等[10] 的研究则侧重于热屈曲过程中的管土作用问题。

上述解析求解均是在管道小坡角变形假设下实现的，而事实上，类似于杆和梁的欧拉失稳，海底管道的热屈曲是几何非线性的大变形过程，而且屈曲过程中海床的摩擦作用或上覆海土的约束作用也是非线性的。因此应用上述解析公式的计算结果预测高温管道的热屈曲一般会带来较大的误差。从工程应用的实际效果来看，线性解析公式对热荷载下管道是否稳定的评价往往过于保守，此外当管道结构发生变化，或是要考察管道的后屈曲强度时，这些公式显然是不适用的。

1999 年 Bjørn A.Ose 与白勇研究了海床上海底管道的在位稳定性，考察了铺设应力、环境荷载、工作荷载以及海床形态对海底管道在位稳定性的影响[11]。他们的有限元模型是根据某条实际管道的三维调查数据具体构建的，尽管研究的重点不是管道的轴向失稳，却为海底未埋设管道热屈曲的数值研究开辟了道路。

2004 年 Junes A.Villarraga 等结合海土本构关系，发展了分析埋设管道与上覆海土相互作用的有限元模型，该模型能够考察非线性海土约束作用下含初始挠度管道的垂向屈曲变形[12]。尽管研究局限于单层管道的小变形垂向屈曲，但是结合了非线性海土作用，具有积

极的意义。

对于距离较长、介质黏度较高的输送任务，具有良好的保温性能是管道顺利输送的关键，外置保温层的单钢管道有时难以满足绝热要求，海底管束输送技术应运而生。管束技术将一根或数根内管安装到同一根外管内，在内外管层之间设置支撑并填充绝热材料，使管道的保温性能和安全程度大为提高。其中的典型结构为双钢保温管道（Pipe-in-pipe systems），这种管束一般由内层输送管（Carrier pipe）和外层保护管（Jacket pipe）构成，两钢管层的环形空间内填充绝热材料以起到保温的作用。高温输送中双钢保温管道内管一般承担着较高的温度荷载，外管温度则始终接近环境温度，因此需要将内外管层连接以保证承载后内外管层轴向同步变形，此时热荷载将会引发施加在连接构件上的剪力，该剪力在限制内管的轴向伸长同时在外管内引发拉应力。根据结构形式的不同，上述连接构件可以分为刚性和柔性两类，典型的是 Bulkhead 连接和环板连接，双钢保温管道也因此被分为这两种典型结构。

结构的改变，带来了高温海底管道温度应力计算与热屈曲研究的新课题。

2004 年 A.Bokaian 在简化连接构件约束的基础上推导了针对双钢保温管道的强度计算公式[13]，其推导方法是基于各种荷载应变的线性叠加进行的，所获得的解析公式仅适用于在管道末端实施 Bulkhead 连接的双钢保温管道。

1999 年 M.A.Vaz 与 M.H.Patel 推导了计算双钢保温管道屈曲失稳的解析公式，对双钢保温管道的挠曲线方程、力平衡方程、侧向位移方程进行了联立求解[14]。研究针对耦合方程组推导特征值解为双钢管道的弹性稳定性分析开辟了途径，但是所得结果如果用来描述管道热屈曲的实际状态则存有明显不足。首先，耦合方程组源自对双钢管系统的受力分析，但是没有考虑对海底管道失稳有较大影响的海床摩擦力的作用；其次，在求解过程中，假设了内外管层是可以同轴相对转动的，这与双钢海底管道沿一定间距设置 Bulkhead 约束内外管的实际结构特点不相符合；最后，在耦合方程组中尚没有引入与管道失稳密切相关的管道初始不直度参数，因此他们的研究成果难以应用于双钢保温管的抗屈曲设计。

2002 年，Boreas Consultants，TWI 和 Cambridge 大学共同发起了 JIP 项目（Joint Industry Project），针对管道热屈曲的研究被命名为"SAFEBUCK"，即"The Safe Design of Hot On-Bottom Pipelines with Lateral Buckling"[15]。该项目研究认为，管道热屈曲的发生主要由以下 3 个参量控制：管道中的轴向力、管道的不直度（Out-of-straightness, OOS）与侧向约束。尽管只有 3 个控制参量，但是每一个参量却涉及很多实际的变量，使得其真实大小存在很大的不确定性。JIP 项目探讨了管道热屈曲的发生机理，分析了热屈曲触发形态的主要影响因素，并试图利用屈曲初始化技术和屈曲形态控制技术操纵管道适度屈曲释放轴力，从而达到避免管道发生剧烈破坏性屈曲的目的。

分析技术方面，JIP 项目为概念设计阶段发展了新的管道热屈曲模型，将现有的限于钢材弹性极限的分析模型发展为涵盖第一塑性荷载分析功能和后续弹性周期荷载分析功能的新模型；在详细设计阶段，JIP 项目认为非线性有限元技术仍是高温抗屈曲设计的最主要分析手段。尽管给出大量的指导性建议，但是 JIP 项目仍然没有提供双钢保温管道热屈曲分析的直接方法。

第四节　高温海底管道设计面临的主要困难

工程上，高温海底管道的保温方法可分为被动保温和主动保温两种。主动保温方法包括直接对管壁通电加热及通过管外电缆或循环热介质间接加热。被动保温的管道类型主要包括单钢保温管和双钢保温管。工程中一般避免采用主动保温方法，而是寻求有效的结构设计提升被动保温的效果。从结构设计角度来看，高温管道需要解决以下主要困难：

(1) 较大的端部位移，该位移可能导致海管与立管连接部位，或海管与水下井口连接位置受力过大。

(2) 管壁应力腐蚀速度增加。

(3) 高轴向力引发的垂向屈曲或侧向屈曲。

因此，对高温海底管道来说，准确地计算出热荷载作用下管道的形变和温度应力，判断管道可能发生的热屈曲并预测管道的后屈曲形变及应力状况有着重要的工程意义，这些分析的结果将直接决定高温管道能否安全地承担介质输送任务。因此，从热稳定性角度来看，高温海底管道设计目前面临以下主要困难。

一、准确计算温度应力的困难

海底管道的温度应力计算，特别是双钢保温海底管道的温度应力计算，长期以来并没有得到很好的解决。轴向应力应变是高温管道对所承担荷载的最主要响应，也是管道强度校核的主要分析目标，数值分析方法一般要忽略管道端部膨胀弯的约束，针对截取的管道段建模，因为截取位置边界条件事先难以准确给出，致使分析结果往往具有很大的误差。

另外，多锚固连接（连接构件可能是刚性的 Bulkhead，也可能是柔性的环板）双钢保温管道在设计阶段的强度计算至今仍然缺乏完善的解析公式，现有的解析公式无法实现任意连接间距下的温度应力计算，给内外管锚固连接的间距设计带来了困难。

现有的设计规范虽然都详细地描述了管道温度应力的计算方法，但一般都是以单钢管为对象的，而我国海洋工程领域输送高温度介质的结构主要是双钢管。对双钢保温管来说，管道的内外管层可以仅在终端固连在一起，也可以分段固连，在内外压、覆土、温变等荷载的作用下，受到膨胀弯、立管及海床摩擦力的约束不能自由变形，管道的受力状况会非常复杂，当前的规范并没有直接给出明确的计算方法，这给设计计算带来了麻烦。

二、热屈曲校核的困难

现有规范均认为高温海底管道需要进行热稳定性评估，但具体提供的评估指标和判断方法却限于普通单钢管道。实际上，热载荷下管道的稳定性校核与管道的温度应力计算是不可分割的，只有准确地计算出热载荷下管道的应力和轴向力才有可能准确预测管道屈曲的发生。

如 JIP 项目的研究结论，高温管道的热屈曲主要由以下 3 个参量控制：管道中的轴向力，管道的不直度（Out-of-straightness，OOS）与侧向约束。除了轴向力难以准确计算外，铺设不直度的存在以及管道侧向约束的非线性使得高温管道的热屈曲分析更加困难。

三、抗屈曲设计的困难

管道热屈曲的发生过程实为轴向力释放过程，因此屈曲段管道的轴向力会下降，但弯曲应力与剩余轴向应力叠加后很可能导致压应力局部集中，引发管壁屈服，这就是剧烈屈曲导致管道失效的根本原因。很多抗屈曲设计试图通过多数量、长波长、低幅度的轻微屈曲释放管道内的轴向力，以达到避免局部管道发生剧烈破坏性屈曲的目的。这种设想在理论上是可行的，但如果对一条具体的管道实施，那么必须回答什么程度的屈曲对该管道来说是可以接受的，屈曲后该管道能在多大程度上释放轴向力，管道中各屈曲部分之间是否能够保持稳定性而不发生汇合和模态跃迁，这些问题的解决都依赖于准确的热屈曲预测以及以此为基础的管道后屈曲评估。

第五节　本书主要的研究内容与进展

本书针对保温海底管道的热弹性与热屈曲问题，推导了两种保温管道温度应力计算的解析表达式，创建了完整的海底管道热屈曲评价分析方法，考察了典型保温管道的热屈曲特性，探讨了利用预热提升高温管道热稳定性的工程技术方案。

（1）就海底保温管道的温度应力计算，在概念设计阶段，利用 LOVE 位移函数求解位移势函数表示的管道轴对称平衡微分方程，获得功能性荷载引发的双钢保温管道钢管层应力，再积分得到计算钢管层轴向变形的解析表达式。功能荷载引起的轴向变形量与 Bulkhead 剪力、海床摩擦力及膨胀弯变形引发的管道轴向变形量建立起平衡方程后，即可迭代算出各 Bulkhead 承担的剪力，实现双钢保温管道各管段轴向力的精确计算。

（2）在详细设计阶段，定义子结构单元构建双钢保温管道热弹性分析的有限元模型可避免相同结构刚度矩阵的重复计算，进而在现有软硬件条件下实现完整管道的有限元建模及膨胀弯与管道的一体模拟，此方法可消除截取建模带来的误差。针对热荷载作用下单钢保温管道的轴向形变特点以及管道与海床海土之间的作用关系，提出了分析钢管层轴向力与诸管层剪力的解析方法。单钢保温管道诸管层在管道路由的启动摩擦段将承担更大的剪力，因此现场接头的剪切校核需要考虑管道外启动（静）摩擦的影响。

（3）就海底管道的热屈曲问题，本书研究了高温管道热屈曲分析的有限元法，对临界屈曲载荷的计算确定、后屈曲强度校核以及管道初始不直度的影响进行了详细阐述。将经典理论解与弧长法相结合可完整地分析高温管道的热屈曲过程；利用线性模态组合进行网格扰动模拟实际管道的初始铺设构形使分析结果具备工程意义。

（4）就双钢保温层管道的热屈曲，研究表明，屈曲一般从内管开始，依管道系统的结构可能产生不同的结果，柔性连接系统更容易发生管道整体上的屈曲，因此该类系统连接环板的设计间距应充分考虑管道的热稳定性与后屈曲强度；刚性连接系统不容易发生整体上的屈曲，但内管在环形空间中的屈曲可能向更高阶模态发展而导致显著的应力集中，因此需要根据后屈曲预测结果限制环形空间中 SPACER 的安装间隙。跨越双钢保温管道的垂向热屈曲研究表明，跨越构形的存在相当于管道具有了初始垂向挠度，因此双钢管道跨越段发生垂向热屈曲的临界载荷低于其发生侧向屈曲的临界载荷；跨越管道段的垂向热屈曲不仅可能导致显著的应力集中，还有可能引发屈曲模态跃迁，因此需要从热稳定性角度对约束沉垫组所能提供的反力与反力矩进行校核。由于混凝土配重层的拉伸开裂与压缩破碎，单钢保温管道的弯曲刚度在热屈曲过程中体现出显著的曲率相关非线性。结合弯曲刚度的非线性特征，本书提出的图解法可在捕获单钢保温管道热屈曲路径的基础上预测钢管层的后屈曲应力及管道诸管层之间的后屈曲剪力。

（5）在抗屈曲研究方面，本书研究了利用侧向预屈曲释放高温管道轴向力的工程方案，提出了预热屈曲埋设措施和分阶段两次挖沟预热止屈措施，并给出了详细的设计计算过程。两方案实施后能够在管道内引发并保留轴向张力，从而部分抵销管道投产后的轴向压力，提升管道的热稳定性。

参考文献

[1] Hobbs R.E. In-service Buckling of Heated Pipelines. Journal of Transportation Engineering, 1984, 110(2): 175-189

[2] Hobbs R. E., Liang F. Thermal Buckling of Pipelines Closed to Restraints. International Conference on Offshore Mechanics and Arctic Engineering, 1989, 5: 121-127.

[3] Taylor N., Gan A. B. Submarine Pipeline Buckling-Imperfection Studies. Thin Walled Structures, 1986, 4: 295-323.

[4] Taylor N., Gan A.B. Refined modelling for the vertical buckling of submarine pipelines. Constructional Steel Research, 1987, 7:55-74.

[5] Taylor N., Tran V.C. Prop-Imperfection subsea pipeline buckling. Marine Structures, 1993, 6: 325-358.

[6] Palmer A C, Ling M T S. Movements of Submarine Pipelines Close to Platforms. Journal of Energy Resources Technology, 1982, 104: 319-324.

[7] Palmer A.C., Ellinas C.P., Richards D.M., et al. Design of submarine pipelines against upheaval buckling. Proc. 22nd OTC, Houston, Texas, 1990, 4: 540-550.

[8] Palmer A.C., Baldry J.A.S. Lateral buckling of axially constrained pipelines. Petroleum Technology, 1974, 26: 1283-1284.

[9] Pedersen P.T., Jensen J.J. Upheaval creep of buried heated pipeline with initial imperfections. Marine Structures, 1988, 1(1): 11-22.

[10] Schaminee P.E.L., Zrn N.F., Schotman G.J.M. Soil response for pipeline upheaval buckling analyses: full-scale laboratory tests and modelling. Proc. 22nd OTC, Houston, Texas, 1990, 4: 563-572.

[11] Bjørn A.Ose, Yong Bai, Per R. Nystrøm, et al. A Finite-Element Model for In-Situ Behavior of Offshore Pipelines on Uneven Seabed and Its Application to On-Bottom Stability. Proceedings of the Ninth International Offshore and Polar Engineering Conference, Brest,France, 1999:

132-140.

[12] Junes A. Villarraga, Jose F. Rodriguez, Cora Martinez. Buried Pipe Modeling with Initial Imperfections. Journal of Pressure Vessel Technology, 2004, 126: 250-257.

[13] Bokaian A. Thermal expansion of pipe-in-pipe systems. Marine Structure, 2004, 17: 475–500.

[14] Vaz M.A., Patel M.H. Lateral buckling of bundled pipe systems. Marine Structure, 1999, 12: 21-40.

[15] Bruton D, Carr M, Crawford M, et al. The Safe Design of Hot On-Bottom Pipelines with Lateral Buckling using the Design Guideline Developed by the SAFEBUCK Joint Industry Project. Deep Offshore Technology Conference, Vitoria, Espirito Santo, Brazil, 2005.

第二章　海底管道的温度应力计算

如前所述，高轴向力是高温海底管道的典型特点，也是其发生屈服和屈曲的主要原因，但是与轴向力相关的温度应力的计算，对保温海底管道来说却并不简单。以双钢保温管道为例，内管层承担着介质输送的高温高压荷载，外管层的温度与环境接近，可视为主要承担静水外压，管道的内外管层依靠刚性构件或柔性构件连接，传递热膨胀引发的轴向剪力，再加上海床的约束作用，管道系统承载变形十分复杂。2004 年 A.Bokaian 在简化连接构件的基础上，基于各种荷载应变的线性叠加推导了末端刚性连接双钢保温管道的温度应力计算公式。这些解析公式是在大量简化的基础上推导出来的，尤其是对内外管层间连接的简化，仅考虑了管道两端 Bulkhead 的连接而忽略了管道中部 Bulkhead 连接的约束作用，这使得解析公式分析结果的准确性受到很大的影响，最终 A.Bokaian 解析公式在设计部门没有得到认可和采用。

而在设计校核阶段，构建有限元模型分析双钢保温管道温度应力也同样面临困难。这主要是因为：连接构件强度校核需要管层模型为壳单元或体单元构建，而分析热荷载作用下管道的膨胀伸长则需要包括海床对管道的摩擦阻力，这就需要模拟足够长度的管道，若想进一步包括管道两端膨胀弯的约束作用，就必须构建整条管道的有限元模型了，实践证明这样的模拟目标是很难实现的。

应用壳单元构建管道模型，为确保分析的质量，管层的圆周至少要布置 20 个以上的单元，而单元协调性要求沿管道轴向这些单元的长度一般不能超过其宽度的 10 倍，这就导致模拟长距离管道所需要的壳单元数量和迭代计算次数是惊人的。试验表明，应用 S4R 壳单元模拟管层，再选用非线性弹簧单元模拟管道与海床之间的摩擦力，现有的计算机软硬件大约可以支持 1000m 单层管有限元模型的计算分析，而无法完成长距离双钢管道的模拟分析，因此必须改进双钢管道温度应力计算的有限元建模方法。

综上所述，无论从理论角度，还是从工程需要角度来讲，保温管道的温度应力计算都是亟须解决的难题。

第一节　保温海底管道的典型结构

双钢保温管道系统一般由输送内管（Carrier pipe）和保护外管（Jacket pipe）构成，并在两管层的环形空间中填充绝热材料起到保温作用，同时传统的防腐涂层和阴极保护也会在双钢管道系统中采用。应用双钢保温管道输送高温介质时，内管的温度为介质温度，外管的温度一般接近环境温度，相比普通的单层非保温管道，沿输送路由双钢保温管道的内管温降梯度是很小的。

双钢保温管道系统可以进一步分为两个大的类别，即刚性连接系统 (Non-compliant

systems）和柔性连接系统（Compliant systems）。

刚性连接系统的内外管层通过锻造连接件（Bulkhead）进行连接，管道路由上 Bulkhead 的布置间距一般很远，例如中海油绥中 36-1 管道的 Bulkhead 布置间距为 2000m。在 Bulkhead 焊接位置处内外管层刚性连接，两管层在这个位置的轴向应变是不连续的。刚性连接系统的环形空间需要阻水装置，避免外管遭到破坏时海水长距离地填充使管道失去保温功能。

典型刚性连接系统的结构简图如图 2.1 所示，其中 Bulkhead 为刚度很大的环形锻造件，中间允许输送介质通过，其侧面翼缘分别与内外管层焊接。

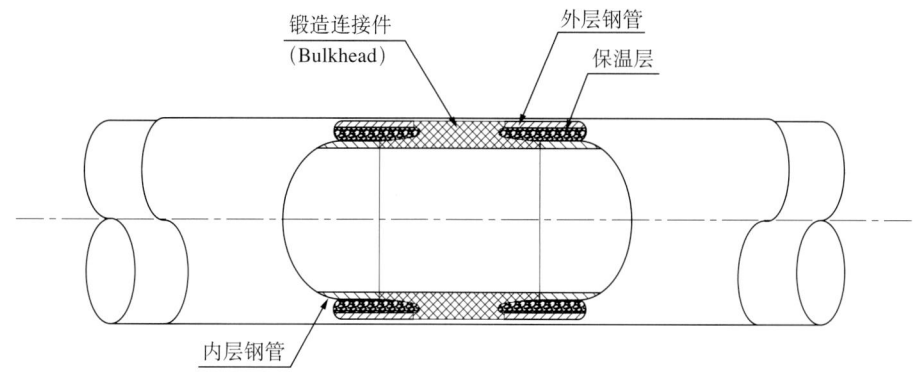

图 2.1 典型的刚性连接双钢保温管结构

Figure 2.1 Typical non-compliant pipe-in-pipe systems

柔性连接系统在很近的间距上（例如 5 个焊接单根长度上）用环板（Donut plate）将内外管层连接起来，即在整个管道系统中以环板替代 Bulkhead，同时起到阻水的作用。热荷载作用下，柔性连接系统的内外管层将同步伸长，轴向力的传递更接近连续，典型柔性连接系统的结构简图如图 2.2 所示。

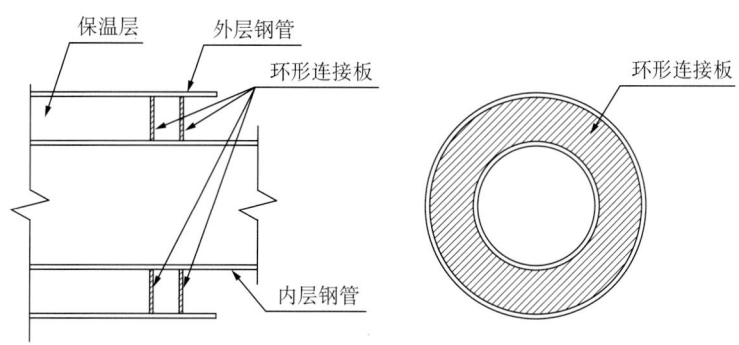

图 2.2 典型的柔性连接双钢保温管结构

Figure 2.2 Typical compliant pipe-in-pipe systems

另一种常用的保温管道为单钢保温管道（Cased Insulated Flowline，CIF），管道系统由内部输送钢管（Carrier pipe）、防腐层（Anticorrosion coat）、保温层（Insulated coat）、防护层（Protective coat）及配重层（Weighted coat）构成。典型的单钢保温管道具有图 2.3 所示

的结构，相比双钢保温管道，这种系统节省了外管层钢材和焊接工作量。

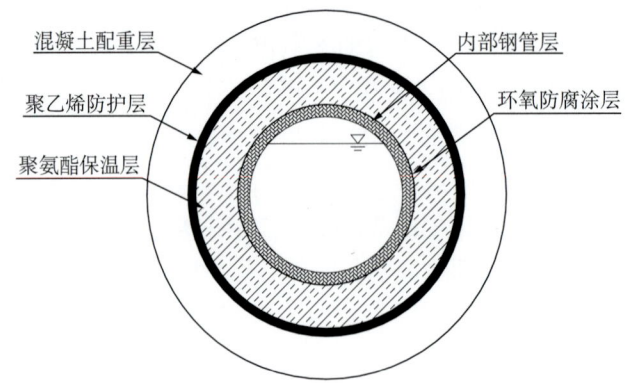

图 2.3　典型的混凝土配重单钢保温管道

Figure 2.3　Typical cased insulated flowlines

第二节　刚性连接双钢保温管道的温度应力计算

一、双钢保温管道的承载特征

双钢保温管道在两层钢管环形空间内布置保温材料实现保温输送[1-7]，依据两层钢管之间的连接形式可以分为柔性连接管道系统和刚性连接管道系统[8]。前者在较短的轴向距离上应用 Tulips[9,10] 或者环板[11]（Donut plates）将内外管层连接；后者在较远轴向距离上，一般几百米至几公里，用刚度很大的锻造件（Bulkhead）将内外管层连接，实现两钢管层轴向同步伸长。对两种结构的双钢保温管道来说，外管层承担环境外压与其他外部荷载起到保护保温层的作用，内管层承担输送荷载，包括热荷载与压力荷载。

双钢管系统承载及形变状态较为复杂。内管在热荷载作用下轴向膨胀，推动 Bulkhead 或者 Donut plates 将张力施加到外管，外管在张力作用下与内管具有相同的轴向位移量；管道的轴向位移势必引起海床的摩擦阻力及管道末端膨胀弯的变形，而两者荷载的大小又取决于管道的轴向变形状态。与单层管道相同，双钢管系统沿其路由亦可分为锚固段和滑移段，在锚固段上管道系统不发生轴向位移，内管温度应力不会得到释放；在滑移段上管道系统发生一定的轴向位移，内管温度应力得以部分释放。

沿轴向刚性连接双钢管道系统一般会布置有几个到十几个 Bulkhead 承担内管热膨胀引发的轴向剪力，若要精确求解内外管的变形量及各 Bulkhead 所承担的剪力，问题已属于高次静不定问题，只有合理地补充相应条件才能使控制方程组封闭。此外，管道滑移段的长度，即海床摩擦力的作用范围，以及管道末端膨胀弯约束力在分析过程中均为未知量，这也给问题的求解带来很大困难。

针对上述问题，先前只有有限元结果[8]和一些简单的解析公式[11-13]发表，直到 2004 年 A. Bokaian 提出了双钢保温管道的精确解，用于计算 Bulkhead 位移及内外钢管层的变形与应力，其模型能够考虑沿管道路由输送介质温度梯度的影响并根据海床摩擦力的作用范围将双钢管道系统分为"长管道"和"短管道"[14]。但略为遗憾的是 A. Bokaian 的研究限于仅在端部布置 Bulkhead 的双钢管系统，无法考察管道中部 Bulkhead 的承载作用以及 Bulkhead 布置间距的影响。到目前为止，多 Bulkhead 双钢管系统温度应力解析解还未见报道，而实际工程设计中，由于 Bulkhead 的刚度和强度很大，亦很少考察平管段 Bulkhead 的承载。

但是双钢管道系统 Bulkhead 的布置设计会影响到其内外钢管层轴向应力应变的分布，因而直接影响管道的轴向挪移（Pipe walking）[15]与热屈曲特性。本节提出了新的双钢保温管道解析模型，配以迭代计算，用于分析 Bulkhead 等间距布置及不等间距布置情况下管道内外管层的应力应变。

二、双钢保温管道钢管层的热弹性问题

双钢保温管道的温度应力计算属于热弹性问题，求解过程即需要包括管道轴向上的热膨胀分析，也要考虑内外压力给管道带来的环向应力改变，因此其控制方程应该是忽略体积力的空间轴对称平衡微分方程，即

$$\begin{cases} \dfrac{\partial \sigma_{rr}}{\partial r} + \dfrac{\partial \tau_{zr}}{\partial z} + \dfrac{\sigma_{rr} - \sigma_{\phi\phi}}{r} = 0 \\ \dfrac{\partial \sigma_{zz}}{\partial z} + \dfrac{\partial \tau_{rz}}{\partial r} + \dfrac{\tau_{rz}}{r} = 0 \end{cases} \quad (2.1)$$

若热膨胀系数与坐标方向无关，热弹性轴对称问题的物理方程为

$$\begin{cases} \sigma_{rr} = (2\mu + \lambda)\varepsilon_{rr} + \lambda\varepsilon_{zz} + \lambda\varepsilon_{\phi\phi} - \alpha T(2\mu + 3\lambda) \\ \sigma_{\phi\phi} = \lambda\varepsilon_{rr} + \lambda\varepsilon_{zz} + (2\mu + \lambda)\varepsilon_{\phi\phi} - \alpha T(2\mu + 3\lambda) \\ \sigma_{zz} = \lambda\varepsilon_{rr} + (2\mu + \lambda)\varepsilon_{zz} + \lambda\varepsilon_{\phi\phi} - \alpha T(2\mu + 3\lambda) \\ \tau_{rz} = \mu\gamma_{rz} \end{cases} \quad (2.2)$$

式中　ν——泊松比；

　　　E——管道碳钢的弹性模量；

　　　λ，μ——拉梅常数（Lame's constants）。

有

$$\begin{aligned} \lambda &= \frac{E\nu}{(1+\nu)(1-2\nu)} \\ \mu &= \frac{E}{2(1+\nu)} \end{aligned} \quad (2.3)$$

空间轴对称问题的几何方程是

$$\begin{cases} \varepsilon_{rr} = \dfrac{\partial u_r}{\partial r} \\ \varepsilon_{\phi\phi} = \dfrac{u_r}{r} \\ \varepsilon_{zz} = \dfrac{\partial w}{\partial z} \\ \gamma_{rz} = \dfrac{\partial u_r}{\partial z} + \dfrac{\partial w}{\partial r} \end{cases} \quad (2.4)$$

依次将物理方程、几何方程代入方程 (2.1)，得到用位移表示的空间轴对称平衡方程为

$$\begin{cases} (2\mu+\lambda)\dfrac{\partial^2 u_r}{\partial r^2} + \mu\dfrac{\partial^2 u_r}{\partial z^2} + (\mu+\lambda)\dfrac{\partial^2 w}{\partial z \partial r} + (2\mu+\lambda)\left(\dfrac{1}{r}\dfrac{\partial u_r}{\partial r} - \dfrac{u_r}{r^2}\right) - (2\mu+3\lambda)\alpha\dfrac{\partial T}{\partial r} = 0 \\ (2\mu+\lambda)\dfrac{\partial^2 w}{\partial z^2} + (\mu+\lambda)\dfrac{\partial^2 u_r}{\partial r \partial z} + (\mu+\lambda)\dfrac{1}{r}\dfrac{\partial u_r}{\partial z} + \mu\left(\dfrac{\partial^2 w}{\partial r^2} + \dfrac{1}{r}\dfrac{\partial w}{\partial r}\right) - (2\mu+3\lambda)\alpha\dfrac{\partial T}{\partial z} = 0 \end{cases} \quad (2.5)$$

引入位移势函数 $\Phi = \Phi(r, z)$，则 $u_r = \dfrac{\partial \Phi}{\partial r}$ 且 $w = \dfrac{\partial \Phi}{\partial z}$，对双钢保温管道的内、外钢管层，均可采用以下用位移势函数表示的轴对称平衡方程：

$$\dfrac{\partial^2 \Phi}{\partial r^2} + \dfrac{1}{r}\dfrac{\partial \Phi}{\partial r} + \dfrac{\partial^2 \Phi}{\partial z^2} = \dfrac{1+\nu}{1-\nu}\alpha T_0 e^{-\beta z} \quad 0 < z < L,\ a < r < b \quad (2.6)$$

式中 T_0——双钢保温管道的设计温度；

α——管道钢材的热膨胀系数；

β——内管温度的沿程衰减系数；

z——轴向位置坐标。

微分方程 (2.6) 的一个特解可以表示为

$$\Phi_0 = \dfrac{1+\nu}{1-\nu}\dfrac{\alpha}{\beta^2} T_0 e^{-\beta z} \quad (2.7)$$

针对此特解，可以得出以下位移表达式：

$$u'_r = \dfrac{\partial \Phi_0}{\partial r} = 0,\quad u'_z = \dfrac{\partial \Phi_0}{\partial z} = -\dfrac{1+\nu}{1-\nu}\dfrac{\alpha}{\beta}T_0 e^{-\beta z} \quad (2.8)$$

及应力表达式：

$$\begin{aligned} \sigma'_{rr} &= 2\mu\left(\dfrac{\partial^2 \Phi_0}{\partial r^2} - \Delta\Phi_0\right) = -2\mu\dfrac{1+\nu}{1-\nu}\alpha T_0 e^{-\beta z} \\ \sigma'_{\phi\phi} &= 2\mu\left(\dfrac{1}{r}\dfrac{\partial \Phi_0}{\partial r} - \Delta\Phi_0\right) = -2\mu\dfrac{1+\nu}{1-\nu}\alpha T_0 e^{-\beta z} \\ \sigma'_{zz} &= 2\mu\left(\dfrac{\partial^2 \Phi_0}{\partial z^2} - \Delta\Phi_0\right) = 0 \\ \sigma'_{rz} &= 2\mu\dfrac{\partial^2 \Phi_0}{\partial r \partial z} = 0 \end{aligned} \quad (2.9)$$

根据 J.L.Nowinski 的研究，此处可引入双调和函数——LOVE 位移函数 $L(r, z)$，该函数既要满足双调和方程，同时又需要使热应力和热变形满足边界条件。关于钢管层径向与轴向位移：

$$u''_r = -\frac{1}{1-2\nu}\frac{\partial^2 L}{\partial r \partial z}$$
$$u''_z = \frac{1}{1-2\nu}\left[2(1-\nu)\Delta L - \frac{\partial^2 L}{\partial z^2}\right] \quad (2.10)$$

关于钢管层应力：

$$\sigma''_{rr} = \frac{2\mu}{1-2\nu}\frac{\partial}{\partial z}(\nu\Delta L - \frac{\partial^2 L}{\partial r^2})$$

$$\sigma''_{\phi\phi} = \frac{2\mu}{1-2\nu}\frac{\partial}{\partial z}(\nu\Delta L - \frac{1}{r}\frac{\partial L}{\partial r})$$

$$\sigma''_{zz} = \frac{2\mu}{1-2\nu}\frac{\partial}{\partial z}\left[(2-\nu)\Delta L - \frac{\partial^2 L}{\partial z^2}\right] \quad (2.11)$$

$$\sigma''_{rz} = \frac{2\mu}{1-2\nu}\frac{\partial}{\partial r}\left[(1-\nu)\Delta L - \frac{\partial^2 L}{\partial z^2}\right]$$

钢管层最终应力为 LOVE 位移函数应力与位移势函数特解应力公式 (2.9) 的叠加。根据 J.L.Nowinski 的研究，可以选择以下形式位移势函数：

$$L(r,z) = \left[D_1 J_0(\beta r) + D_2 Y_0(\beta r) + D_3 r J_1(\beta r) + D_4 r Y_1(\beta r)\right]e^{-\beta z} \quad (2.12)$$

那么，与 LOVE 位移函数相关的钢管层内壁面径向应力为

$$\sigma''_{rr}\big|_{r=a} = \left[D_1 f_1 + D_2 f_2 + D_3 f_3 + D_4 f_4\right]e^{-\beta z}$$

其中

$$f_1 = \frac{2\mu}{1-2\nu}\beta^2\left[-\beta J_0(\beta a) + \frac{1}{a}J_1(\beta a)\right]$$

$$f_2 = \frac{2\mu}{1-2\nu}\beta^2\left[-\beta Y_0(\beta a) + \frac{1}{a}Y_1(\beta a)\right]$$

$$f_3 = \frac{2\mu}{1-2\nu}\beta^2\left[(1-2\nu)J_0(\beta a) - \beta a J_1(\beta a)\right] \quad (2.13)$$

$$f_4 = \frac{2\mu}{1-2\nu}\beta^2\left[(1-2\nu)Y_0(\beta a) - \beta a Y_1(\beta a)\right]$$

与 LOVE 位移函数相关的钢管层外壁面径向应力为

$$\sigma''_{rr}\big|_{r=a} = (D_1 f_1 + D_2 f_2 + D_3 f_3 + D_4 f_4)e^{-\beta z}$$

其中

$$g_1 = \frac{2\mu}{1-2\nu}\beta^2\left[-\beta J_0(\beta b) + \frac{1}{b}J_1(\beta b)\right]$$

$$g_2 = \frac{2\mu}{1-2\nu}\beta^2\left[-\beta Y_0(\beta b) + \frac{1}{b}Y_1(\beta b)\right]$$

$$g_3 = \frac{2\mu}{1-2\nu}\beta^2\left[(1-2\nu)J_0(\beta b) - \beta b J_1(\beta b)\right] \quad (2.14)$$

$$g_4 = \frac{2\mu}{1-2\nu}\beta^2\left[(1-2\nu)Y_0(\beta b) - \beta b Y_1(\beta b)\right]$$

与 LOVE 位移函数相关的钢管层内壁面切向应力为

$$\sigma''_{rz}\big|_{r=a} = (D_1 h_1 + D_2 h_2 + D_3 h_3 + D_4 h_4)\mathrm{e}^{-\beta z}$$

其中

$$h_1 = \frac{2\mu}{1-2\nu}\beta^3 J_1(\beta a)$$

$$h_2 = \frac{2\mu}{1-2\nu}\beta^3 Y_1(\beta a)$$

$$h_3 = -\frac{2\mu}{1-2\nu}\beta^2\left[\beta a J_0(\beta a) + 2(1-\nu)J_1(\beta a)\right] \quad (2.15)$$

$$h_4 = -\frac{2\mu}{1-2\nu}\beta^2\left[\beta a Y_0(\beta a) + 2(1-\nu)Y_1(\beta a)\right]$$

与 LOVE 位移函数相关的钢管层外壁面切向应力为

$$\sigma''_{rz}\big|_{r=b} = \left[D_1 k_1 + D_2 k_2 + D_3 k_3 + D_4 k_4\right]\mathrm{e}^{-\beta z}$$

其中

$$k_1 = \frac{2\mu}{1-2\nu}\beta^3 J_1(\beta b)$$

$$k_2 = \frac{2\mu}{1-2\nu}\beta^3 Y_1(\beta b)$$

$$k_3 = -\frac{2\mu}{1-2\nu}\beta^2\left[\beta b J_0(\beta b) + 2(1-\nu)J_1(\beta b)\right] \quad (2.16)$$

$$k_4 = -\frac{2\mu}{1-2\nu}\beta^2\left[\beta b Y_0(\beta b) + 2(1-\nu)Y_1(\beta b)\right]$$

钢管层的内外应力边界条件可以表示为

$$\sigma_{rr}\big|_{r=a} = \sigma'_{rr}\big|_{r=a} + \sigma''_{rr}\big|_{r=a} = \left[D_1 f_1 + D_2 f_2 + D_3 f_3 + D_4 f_4\right]\mathrm{e}^{-\beta z} - 2\mu\frac{1+\nu}{1-\nu}\alpha T_0 \mathrm{e}^{-\beta z} = p_{\mathrm{i}}(z) \quad (2.17)$$

$$\sigma_{rr}\big|_{r=b} = \sigma'_{rr}\big|_{r=b} + \sigma''_{rr}\big|_{r=b} = \left[D_1 g_1 + D_2 g_2 + D_3 g_3 + D_4 g_4\right]\mathrm{e}^{-\beta z} - 2\mu\frac{1+\nu}{1-\nu}\alpha T_0 \mathrm{e}^{-\beta z} = p_{\mathrm{e}}(z) \quad (2.18)$$

$$\sigma_{rz}|_{r=a} = \sigma'_{rz}|_{r=a} + \sigma''_{rz}|_{r=a} = [D_1 h_1 + D_2 h_2 + D_3 h_3 + D_4 h_4] e^{-\beta z} = 0 \quad (2.19)$$

$$\sigma_{rz}|_{r=b} = \sigma'_{rz}|_{r=b} + \sigma''_{rz}|_{r=b} = [D_1 k_1 + D_2 k_2 + D_3 k_3 + D_4 k_4] e^{-\beta z} = 0 \quad (2.20)$$

求解方程 (2.17) ~方程 (2.20)，有 $D_1 = \dfrac{e_1}{e}$，$D_2 = \dfrac{e_2}{e}$，$D_3 = \dfrac{e_3}{e}$，$D_4 = \dfrac{e_4}{e}$，其中

$$\begin{aligned}
e &= \begin{vmatrix} f_1 & f_2 & f_3 & f_4 \\ g_1 & g_2 & g_3 & g_4 \\ h_1 & h_2 & h_3 & h_4 \\ k_1 & k_2 & k_3 & k_4 \end{vmatrix} \\
e_1 &= \begin{vmatrix} w_i(z) & f_2 & f_3 & f_4 \\ w_e(z) & g_2 & g_3 & g_4 \\ 0 & h_2 & h_3 & h_4 \\ 0 & k_2 & k_3 & k_4 \end{vmatrix} \\
e_2 &= \begin{vmatrix} f_1 & w_i(z) & f_3 & f_4 \\ g_1 & w_e(z) & g_3 & g_4 \\ h_1 & 0 & h_3 & h_4 \\ k_1 & 0 & k_3 & k_4 \end{vmatrix} \\
e_3 &= \begin{vmatrix} f_1 & f_2 & w_i(z) & f_4 \\ g_1 & g_2 & w_e(z) & g_4 \\ h_1 & h_2 & 0 & h_4 \\ k_1 & k_2 & 0 & k_4 \end{vmatrix} \\
e_4 &= \begin{vmatrix} f_1 & f_2 & f_3 & w_i(z) \\ g_1 & g_2 & g_3 & w_e(z) \\ h_1 & h_2 & h_3 & 0 \\ k_1 & k_2 & k_3 & 0 \end{vmatrix}
\end{aligned} \quad (2.21)$$

其中

$$w_i(z) = p_i(z) e^{\beta z} + 2\mu \frac{1+\nu}{1-\nu} \alpha T_0$$

$$w_e(z) = p_e(z) e^{\beta z} + 2\mu \frac{1+\nu}{1-\nu} \alpha T_0$$

p_i 与 p_e 分别是该管层段的内外压。对承担内外压力及热荷载的厚壁管层而言，其位移势函数解可表示为

$$\Phi = \Phi_0 + L(r,z) = \frac{1+\nu}{1-\nu} \frac{\alpha}{\beta^2} T_0 e^{-\beta z} + [D_1 J_0(\beta r) + D_2 Y_0(\beta r) + D_3 r J_1(\beta r) + D_4 r Y_1(\beta r)] e^{-\beta z}$$

此时这段端部无约束管层的应力可表示为

$$\sigma_{zz} = \sigma''_{zz} = \frac{2\mu}{1-2\nu}\frac{\partial}{\partial z}\left[(2-\nu)\Delta L - \frac{\partial^2 L}{\partial z^2}\right]$$

$$= \frac{2\mu}{1-2\nu}e^{-\beta z}\left\{D_1\beta^3 J_0(\beta r) + D_2\beta^3 Y_0(\beta r) + D_3\left[\beta^3 r J_1(\beta r) - 2\beta^2(2-\nu)J_0(\beta r)\right] + D_4\left[\beta^3 r Y_1(\beta r) - 2\beta^2(2-\nu)Y_0(\beta r)\right]\right\} \tag{2.22}$$

$$\sigma_{\phi\phi} = \sigma'_{\phi\phi} + \sigma''_{\phi\phi} = 2\mu\frac{1+\nu}{1-\nu}\alpha T_0 e^{-\beta z} + \frac{2\mu}{1-2\nu}\frac{\partial}{\partial z}\left(\nu\Delta L - \frac{1}{r}\frac{\partial L}{\partial r}\right)$$

$$= 2\mu\frac{1+\nu}{1-\nu}\alpha T_0 e^{-\beta z} + \frac{2\mu}{1-2\nu}\beta^2 e^{-\beta z}\left[-\frac{D_1}{r}J_1(\beta r) - \frac{D_2}{r}Y_1(\beta r) + D_3(1-2\nu)J_0(\beta r) + D_4(1-2\nu)Y_0(\beta r)\right] \tag{2.23}$$

$$\sigma_{rr} = \sigma'_{rr} + \sigma''_{rr} = -2\mu\frac{1+\nu}{1-\nu}\alpha T_0 e^{-\beta z} + \frac{2\mu}{1-2\nu}\frac{\partial}{\partial z}\left(\nu\Delta L - \frac{\partial^2 L}{\partial r^2}\right) = -2\mu\frac{1+\nu}{1-\nu}\alpha T_0 e^{-\beta z} +$$

$$\frac{2\mu}{1-2\nu}\left\{D_1\left[\frac{\beta^2}{r}J_1(\beta r) - \beta^3 J_0(\beta r)\right] + D_2\left[\frac{\beta^2}{r}Y_1(\beta r) - \beta^3 Y_0(\beta r)\right] + D_3\beta^3\left[\frac{1-2\nu}{\beta}J_0(\beta r) - rJ_1(\beta r)\right] + D_4\beta^3\left[\frac{1-2\nu}{\beta}Y_0(\beta r) - rY_1(\beta r)\right]\right\}e^{-\beta z} \tag{2.24}$$

$$\sigma_{rz} = \sigma'_{rz} + \sigma''_{rz} = \frac{2\mu}{1-2\nu}\frac{\partial}{\partial r}\left[(1-\nu)\Delta L - \frac{\partial^2 L}{\partial z^2}\right]$$

$$= \frac{2\mu}{1-2\nu}e^{-\beta z}\left\{D_1\beta^3 J_1(\beta r) + D_2\beta^3 Y_1(\beta r) - D_3\beta^3\left[rJ_0(\beta r) - 2(1-\nu)J_1(\beta r)(1+\frac{1}{\beta r})\right] - D_4\beta^3\left[rY_0(\beta r) - 2(1-\nu)Y_1(\beta r)(1+\frac{1}{\beta r})\right]\right\} \tag{2.25}$$

因此一段端部无约束管层，承担内外压及热荷载后，其轴向伸长量为

$$\delta_{\text{Car,orJac}} = \int_0^l \left\{\frac{1}{E}\left[\sigma_{zz} - \mu(\sigma_{rr} + \sigma_{\phi\phi})\right] + \alpha T_0 e^{-\beta z}\right\}dz \tag{2.26}$$

三、Bulkhead 等间距布置双钢保温管道轴向平衡方程

热荷载作用下海底管道向两端膨胀，因此可以截取一半管道建模。图 2.4 为 Bulkhead 等间距布置双钢保温管道轴向平衡示意图，其中左端为截取后的锚固端，x 是管道外海床摩擦力的作用长度。

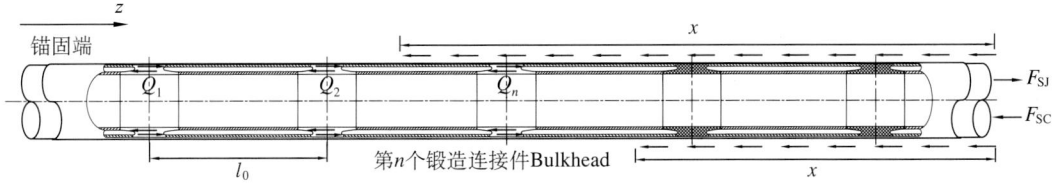

图 2.4 双钢保温管道的轴向平衡

Figure 2.4 Axial equilibrium of the non-compliant pipe-in-pipe systems (not to scale)

如果海床摩擦、管道系统环形空间内摩擦及沿程热损耗可以忽略，以下针对各个 Bulkhead 的轴向平衡方程即可用于求解其所承担的剪力。

$$\Delta_1 = \delta_{FCar} - Q_1 f_{Car} = Q_1 f_{Jac} - \delta_{FJac}$$

$$\Delta_2 = 2\delta_{FCar} - Q_1 f_{Car} - 2Q_2 f_{Car} = Q_1 f_{Jac} + 2Q_2 f_{Jac} - 2\delta_{FJac}$$

$$\Delta_3 = 3\delta_{FCar} - Q_1 f_{Car} - 2Q_2 f_{Car} - 3Q_3 f_{Car} = Q_1 f_{Jac} + 2Q_2 f_{Jac} + 3Q_3 f_{Jac} - 3\delta_{FJac}$$

……

$$\Delta_n = n\delta_{FCar} - f_{Car}\sum_{i=1}^{n} iQ_i = f_{Jac}\sum_{i=1}^{n} iQ_i - n\delta_{FJac} \tag{2.27}$$

式中　Δ_i——第 i 个 Bulkhead 的轴向位移；

f_{Car}，f_{Jac}——分别为相邻 Bulkhead 之间管道段内外管层的柔度；

δ_{FCar}，δ_{FJac}——分别是这两段管层在管道功能性荷载作用下的轴向伸长，此处内外管层承担的功能性荷载包括热荷载及内外压力荷载。

对于每个 Bulkhead，方程组 (2.27) 有以下剪力表示式：

$$\begin{aligned} Q_1 &= \frac{\delta_{FCar} + \delta_{FJac}}{f_{Car} + f_{Jac}} \\ Q_2 &= \frac{\delta_{FCar} + \delta_{FJac}}{2f_{Car} + 2f_{Jac}} \\ Q_3 &= \frac{\delta_{FCar} + \delta_{FJac}}{3f_{Car} + 3f_{Jac}} \\ &\cdots \\ Q_n &= \frac{\delta_{FCar} + \delta_{FJac}}{nf_{Car} + nf_{Jac}} \end{aligned} \tag{2.28}$$

更接近工程实际地来看，内管受热膨胀驱动的双钢保温管道轴向伸长会引发作用在外管的海床摩擦力以及管道环形空间内的摩擦力。如果用 μ_a 与 x 表示管道外与海床之间的轴向摩擦系数及滑移段管道的长度；用 μ_{anu} 与 x_{anu} 表示管道环形空间内的轴向摩擦系数及该摩擦力的作用长度，利用轴向平衡关系可得到下述 Bulkhead 位移表达。

当 $l_0 \leqslant l-x$：

$$\Delta_1 = \delta_{\text{FCar}} - Q_1 f_{\text{Car}} - \mu_{\text{anu}} Q_{\text{con}} x_{\text{anu}} \frac{l_0 - x_{\text{anu}}/2}{(EA)_{\text{C}}} = Q_1 f_{\text{Jac}} - \delta_{\text{FJac}} - \mu_{\text{a}} w_{\text{PIP}} x f_{\text{Jac}} \quad (2.29)$$

当 $2l_0 \leqslant l-x$：

$$\Delta_2 = 2\delta_{\text{FCar}} - Q_1 f_{\text{Car}} - 2Q_2 f_{\text{Car}} - \mu_{\text{anu}} Q_{\text{con}} x_{\text{anu}} \frac{2l_0 - x_{\text{anu}}/2}{(EA)_{\text{C}}} = Q_1 f_{\text{Jac}} + 2Q_2 f_{\text{Jac}} - 2\delta_{\text{FJac}} - \mu_{\text{a}} w_{\text{PIP}} x 2 f_{\text{Jac}} \quad (2.30)$$

……

若 $nl_0 \leqslant l-x$：

$$\Delta_n = n\delta_{\text{FCar}} - f_{\text{Car}} \sum_{i=1}^{n} i Q_i - \mu_{\text{anu}} Q_{\text{con}} x_{\text{anu}} \frac{nl_0 - x_{\text{anu}}/2}{(EA)_{\text{C}}} = f_{\text{Jac}} \sum_{i=1}^{n} i Q_i - n\delta_{\text{FJac}} - \mu_{\text{a}} w_{\text{PIP}} x n f_{\text{Jac}} \quad (2.31)$$

若 $nl_0 > l-x$：

$$\Delta_n = n\delta_{\text{FCar}} - f_{\text{Car}} \sum_{i=1}^{n} i Q_i - \mu_{\text{anu}} Q_{\text{con}} x_{\text{anu}} \frac{2nl_0 - x_{\text{anu}}}{2(EA)_{\text{C}}} = f_{\text{Jac}} \sum_{i=1}^{n} i Q_i - n\delta_{\text{FJac}}$$
$$- \mu_{\text{a}} w_{\text{PIP}} (l - nl_0) n f_{\text{Jac}} - \mu_{\text{a}} w_{\text{PIP}} \frac{(x - l + nl_0)}{(EA)_{\text{J}}} \left(\frac{l - x + nl_0}{2} \right) \quad (2.32)$$

最靠近终端的 Bulkhead（$n=m$），其轴向位移等于管道的末端伸长量：

$$\Delta_m = m\delta_{\text{FCar}} - f_{\text{Car}} \sum_{i=1}^{m} i Q_i - \mu_{\text{anu}} Q_{\text{con}} x_{\text{anu}} \frac{2l - x_{\text{anu}}}{2(EA)_{\text{C}}} = f_{\text{Jac}} \sum_{i=1}^{m} i Q_i - m\delta_{\text{FJac}} - \mu_{\text{a}} w_{\text{PIP}} x \frac{l - 0.5x}{(EA)_{\text{J}}} \quad (2.33)$$

方程 (2.29) ~ 方程 (2.33) 中，管道环空内的摩擦力被简化视为仅发生在最后两个 Bulkhead 之间的管道段内，即 $x_{\text{anu}} \leqslant l_0$。

一般情况下，由于 Spacer 的存在双钢保温管道环形空间内的摩擦力不大，若忽略该项摩擦力，方程 (2.29) ~ 方程 (2.33) 可以求解。

当 $nl_0 \leqslant l-x$，未发生轴向位移的 Bulkhead 承担的剪力为

$$Q_n = \frac{\delta_{\text{FCar}} + \delta_{\text{FJac}} + \mu_{\text{a}} w_{\text{PIP}} x f_{\text{Jac}}}{n f_{\text{Car}} + n f_{\text{Jac}}} \quad (2.34)$$

当 $nl_0 > l-x$，从图 2.4 模型的锚固端数起，编号为 n 的首个发生轴向运动的 Bulkhead 承担的剪力为

$$Q_n = \frac{\delta_{\text{FCar}} + \delta_{\text{FJac}} - \mu_{\text{a}} w_{\text{PIP}} f_{\text{Jac}} \left[\dfrac{x^2}{2l_0} - x(m-n+1) + \dfrac{l_0}{2}(m^2 + n^2) - l_0 mn \right]}{n f_{\text{Car}} + n f_{\text{Jac}}} \quad (2.35)$$

类似方程 (2.32)，滑移段第 $n+1$ 个 Bulkhead 的轴向位移为

$$\Delta_{n+1} = (n+1)\delta_{\text{FCar}} - f_{\text{Car}} \sum_{i=1}^{n} i Q_i - f_{\text{Car}}(n+1) Q_{n+1} = f_{\text{Jac}} \sum_{i=1}^{n} i Q_i + f_{\text{Jac}}(n+1) Q_{n+1} - (n+1)\delta_{\text{FJac}}$$
$$- \mu_{\text{a}} w_{\text{PIP}} [l - (n+1)l_0](n+1) f_{\text{Jac}} - \mu_{\text{a}} w_{\text{PIP}} \frac{[x - l + (n+1)l_0]}{(EA)_{\text{J}}} \left[\frac{l - x + (n+1)l_0}{2} \right] \quad (2.36)$$

若能够确定双钢保温管道外管层轴向应变为零的位置,即可算出海床摩擦力的实际作用长度 x,根据外管层轴向应变的表达式:

$$(\varepsilon_z)_{\text{Jac}}\big|_{z=l-x} = \frac{1}{(EA)_{\text{J}}}\sum_{i=n}^{m}Q_i - \frac{\delta_{\text{FJac}}}{l_0} - \frac{\mu_{\text{a}}w_{\text{PIP}}x}{(EA)_{\text{J}}} \quad (2.37)$$

其中,第 n 个剪力对应从模型锚固端起首个发生轴向运动的 Bulkhead。

若可估计出外管层零应变点大致落在哪两个 Bulkhead 区间,由式 (2.37) 即可求解出海床摩擦力的实际作用长度。从 $n=1$ 开始的若干次迭代试算可确定出式 (2.37) 中叠加剪力项的剪力数目进而计算摩擦力的实际作用长度 x 值。进而由式 (2.34) 或式 (2.35) 计算各 Bulkhead 所承担的剪力,$Q_1 \sim Q_n$,再由式 (2.36) 计算出第 $n+1$ 个 Bulkhead 所承担的剪力。类似地,也可以计算出管道滑移段中其他 Bulkhead 所承担的剪力,$Q_{n+2} \sim Q_m$。

四、Bulkhead 不等间距布置情形与管道末端膨胀弯力

对于 Bulkhead 不等间距布置的双钢保温管道,设 l_n 为模型锚固端到第 n 个 Bulkhead 的管道累积长度,其中从锚固端至第 i 个 Bulkhead,内外钢管层的累积柔度分别记为 f_{Ci} 和 f_{Ji}。双钢保温管道各个 Bulkhead 有以下轴向位移:

$$\Delta_1 = \delta_{\text{FC}-l_1} - Q_1 f_{C1} = Q_1 f_{J1} - \delta_{\text{FJ}-l_1} - \mu_{\text{a}}w_{\text{PIP}}xf_{J1} \quad (2.38)$$

$$\Delta_2 = \delta_{\text{FC}-l_2} - Q_1 f_{C1} - Q_2 f_{C2} = Q_1 f_{J1} + Q_2 f_{J2} - \delta_{\text{FJ}-l_2} - \mu_{\text{a}}w_{\text{PIP}}xf_{J2} \quad (2.39)$$

……

若 $l_n \leq l-x$,则第 n 个 Bulkhead 的轴向位移是

$$\Delta_n = \delta_{\text{FC}-l_n} - \sum_{i=1}^{n}f_{Ci}Q_i = \sum_{i=1}^{n}f_{Ji}Q_i - \delta_{\text{FJ}-l_n} - \mu_{\text{a}}w_{\text{PIP}}xf_{Jn} \quad (2.40)$$

若 $l_n > l-x$ 且第 n 个 Bulkhead 是从锚固端算起第一个发生轴向运动的 Bulkhead,其轴向位移为

$$\Delta_n = \delta_{\text{FC}-l_n} - \sum_{i=1}^{n}f_{Ci}Q_i = \sum_{i=1}^{n}f_{Ji}Q_i - \delta_{\text{FJ}-l_n} + \mu_{\text{a}}w_{\text{PIP}}\frac{(l-x-l_n)(l-x+l_n)}{2(EA)_{\text{J}}} \quad (2.41)$$

第 $n+1$ 个 Bulkhead 的轴向位移为

$$\Delta_{n+1} = \delta_{\text{FC}-l_{n+1}} - \sum_{i=1}^{n+1}f_{Ci}Q_i = \sum_{i=1}^{n+1}f_{Ji}Q_i - \delta_{\text{FJ}-l_{n+1}} + \mu_{\text{a}}w_{\text{PIP}}\frac{(l-x-l_{n+1})(l-x+l_{n+1})}{2(EA)_{\text{J}}} \quad (2.42)$$

接下来管道滑移段中其他 Bulkhead 的轴向位移均可类似地表示出来。管道终端 Bulkhead(从锚固端起总编号第 m 个)的轴向位移为

$$\Delta_m = \delta_{\text{FC}-l} - \sum_{i=1}^{m}f_{Ci}Q_i = \sum_{i=1}^{m}f_{Ji}Q_i - \delta_{\text{FJ}-l} - \mu_{\text{a}}w_{\text{PIP}}x\frac{l-0.5x}{(EA)_{\text{J}}} \quad (2.43)$$

双钢保温管道终端通常连接膨胀弯用以吸收一定量的轴向位移。包括内外两层钢管,膨胀弯的总力可以表示为

$$F_{\text{spool}} = \gamma_{\text{spool}} K_{\text{spool}} = \frac{\delta_{\text{SJ}} + \delta_{\text{SC}}}{R_{\text{spool}}} K_{\text{spool}} \tag{2.44}$$

式中 F_{spool}——总的膨胀弯力；

R_{spool}——膨胀弯的弯曲半径；

K_{spool}，γ_{spool}——分别是膨胀弯的角变形刚度和角变形量；

δ_{SJ}，δ_{SC}——分别是膨胀弯力作用下外管层与内管层的变形量。

考虑膨胀弯约束力后，方程(2.43)变为

$$\Delta_m = \delta_{\text{FC}-l} - \sum_{i=1}^{m} f_{\text{C}i} Q_i - \delta_{\text{SC}} = \sum_{i=1}^{m} f_{\text{J}i} Q_i - \delta_{\text{FJ}-l} + \delta_{\text{SJ}} - \mu_a w_{\text{PIP}} x \frac{l - 0.5x}{(EA)_\text{J}} \tag{2.45}$$

总的膨胀弯力则为

$$F_{\text{spool}} = \frac{\delta_{\text{SC}} + \delta_{\text{SJ}}}{R_{\text{spool}}} K_{\text{spool}} = \left[\delta_{\text{FC}-l} + \delta_{\text{FJ}-l} - \sum_{i=1}^{m}(f_{\text{J}i} + f_{\text{C}i}) Q_i + \mu_a w_{\text{PIP}} x \frac{l - 0.5x}{(EA)_\text{J}} \right] \frac{K_{\text{spool}}}{R_{\text{spool}}} \tag{2.46}$$

管道外管层的轴向应变可以表示为

$$(\varepsilon_z)_{\text{Jac}}\big|_{z=l-x} = \frac{1}{(EA)_\text{J}} \sum_{i=n}^{m} Q_i - \frac{\delta_{\text{FJ}-l}}{l} - \frac{\mu_a w_{\text{PIP}} x}{(EA)_\text{J}} - \frac{F_{\text{SJ}}}{(EA)_\text{J}} \tag{2.47}$$

其中第 n 个剪力为滑移段第一个开始运动的 Bulkhead 所承担。在计算海床摩擦力作用长度的迭代中，膨胀弯力引发的微小轴向应变可以忽略。

基于式(2.38)～式(2.47)，可建立起一个迭代过程，计算双钢保温管道各个 Bulkhead 所承担的剪力。

五、典型算例及主要结论

表2.1列出了中国南海某双钢保温管道的主要设计数据，图2.5给出了求解该管道诸 Bulkhead 承担剪力的迭代计算过程。表2.2列出了该算例管道的迭代计算结果。最后利用式(2.22)～式(2.25)，将与功能性荷载相关的应力叠加到上述迭代结果中，从而获得双钢保温管道各个位置管段完整的应力状态。

表2.1 中国南海某双钢保温管道的主要设计数据
Table 2.1 A design sheet of non-compliant pipe-in-pipe systems in South China Sea

外管		双钢保温管道的其他参数	
外管外径，mm	508	钢材弹性模量，MPa	207000
外管壁厚，mm	12.7	钢材弹泊松比	0.25
外管材质	API 5L X65	钢材热膨胀系数，℃$^{-1}$	1.17×10^{-5}
外管内压，MPa	0.1	温度衰减系数，m^{-1}	1.07×10^{-5}

续表

外管		双钢保温管道的其他参数	
外管外压，MPa	0.3	管道长度，km	16.6
外管设计温度，℃	18.0	安装温度，℃	16.3
内管		沉没重量，kN/m	2.65
内管外径，mm	406.4	Bulkhead 布置间距	见表 2.2
内管壁厚，mm	25.4	环境参数	
内管材质	API 5L X56	水深，m	30
内管设计压力，MPa	5.2	海水密度，g/cm³	1.03
内管设计温度，℃	80.0	管道—海床轴向摩擦系数	0.25

注：膨胀弯半径 $R_{spool}=5$ m；膨胀弯刚度 $K_{spool}=0.02$ MN/rad。

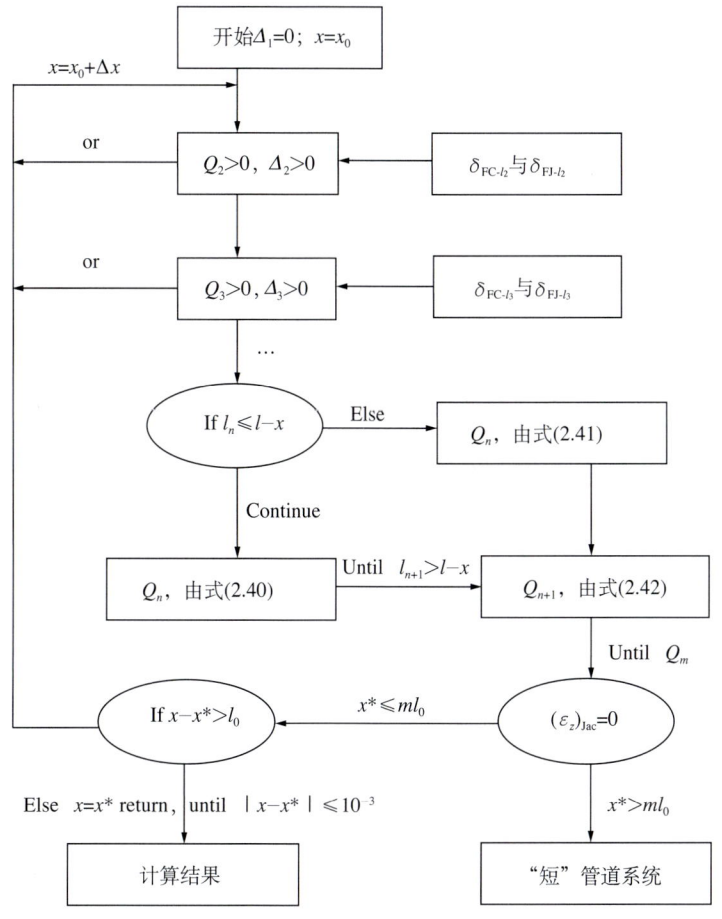

图 2.5 求解双钢保温管道诸 Bulkhead 承担剪力的迭代过程

Figure 2.5 The iterative process to resolve shear forces induced on the bulkheads

表 2.2 算例双钢保温管道的迭代计算结果

Table 2.2 Iteration results of example PIP systems

序号	Bulkhead 间距 m	δ_{FC-i} mm	δ_{FJ-i} mm	f_{J-i} m/MN	f_{C-i} m/MN	Bulkhead 剪力 MN	Bulkhead 位移 m	海床摩擦力作用长度 m	膨胀弯力 MN
1	1828.8 (150 单根)	558.4	−3.3	0.447	0.291	0.728	0.347	1585.0	0.014 [由方程 (2.46) 计算]
2	1828.8 (150 单根)	1116.8	−6.6	0.953	0.582	1.010	0.315		
3	1828.8 (150 单根)	1675.2	−9.9	1.431	0.873	0.483	0.453		
4	1219.2 (100 单根)	2048.4	−12.2	1.729	1.067	0.245	0.566		
5	975.36 (80 单根)	2347.2	−14.0	1.967	1.222	0.112	1.002		
6	609.6 (50 单根)	2534.2	−15.2	2.116	1.319	0.066	1.666		

本节通过求解位移势函数表示的轴对称平衡微分方程，可将功能性荷载作用下双钢保温管道内外两钢管层的主要应力以解析的形式表示出来，进而得到计算两钢管层轴向变形的积分表达式。该轴向变形量与 Bulkhead 剪力、海床摩擦力及管道末端膨胀弯约束力引起的轴向变形建立起 Bulkhead 轴向位移的平衡方程。

解析表达式和算例的计算结果均表明，由于海床摩擦力的非线性变化，沿着双钢保温管道的路由，各个 Bulkhead 所承担的剪力是非单调分布的。本节所给出的方法在迭代计算各 Bulkhead 剪力的基础上能够精确算出双钢保温管道各位置的轴向力，从而为管道轴向的 "pipe walking" 分析和热屈曲分析奠定基础。相比有限元方法，所提出的解析解便于计算非等间距布置 Bulkhead 和膨胀弯刚度的影响，更有利于实现相关的优化设计。

本节符号说明（Notation）

$(EA)_J$——双钢保温管道外钢管层的轴向刚度；

$(EA)_C$——双钢保温管道内钢管层的轴向刚度；

E——钢管层碳钢的杨氏模量；

ν——钢管层碳钢的泊松比；

λ，μ——拉梅常数；

α——钢管层碳钢的热膨胀系数；

β——内管沿路由的温度衰减系数；

Φ——位移势函数；

w_{PIP}——双钢保温管道单位长度的沉没重量；

T_0——内管设计温度；

p_i——某一管道段的内压；

p_e——某一管道段的外压；

l——双钢保温管道的半长度；

l_0——相邻 Bulkhead 之间的管道段长度；

f_{Jac}——等间距布置条件下相邻 Bulkhead 间外管层的柔度；

f_{Car}——等间距布置条件下相邻 Bulkhead 间内管层的柔度；

$f_{\text{J}i}$——不等间距布置条件下第 i 段外管层的柔度；

$f_{\text{C}i}$——不等间距布置条件下第 i 段内管层的柔度；

δ_{FJac}——功能性荷载作用下外管段的轴向伸长；

δ_{FCar}——功能性荷载作用下内管段的轴向伸长；

μ_{a}——双钢保温管道与海床之间的轴向摩擦系数；

μ_{anu}——双钢保温管道环形空间内的轴向摩擦系数；

x——轴向上海床摩擦力在管道上的作用长度；

x_{anu}——双钢保温管道环形空间内轴向摩擦的发生长度；

J_0——零阶贝塞尔函数；

J_1——一阶贝塞尔函数；

Y_0——零阶第二类贝塞尔函数；

Y_1——一阶第二类贝塞尔函数。

第三节 单钢保温管道的温度应力计算

除滑动摩擦力外，启动（静）摩擦力亦可能被触发并保存在保温管道路由的某个位置上，因此可以根据轴向管土作用特点将管道路由划分为 3 段，即锚固段、启动摩擦段和滑移段。鉴于单钢保温管道的结构特点，承担输送压力的内层钢管热膨胀伸长时，启动摩擦段各管层承担着比其他位置更大的剪力。掌握轴向热膨胀条件下该种类型管道各管层的剪力承载特性，才有可能深入解释 Rolf A/Gorm E 油气混输管道内层钢管发生热屈曲时其他管层在现场接头位置滑脱破坏的原因。

本节通过建立轴向平衡方程，给出了计算路由各位置单钢保温管道诸管层及其现场接头所承担剪力的方法。典型算例表明现场接头热缩套的搭接强度需要考虑管道启动摩擦段的要求。

一、单钢保温管道的承载特征

单钢保温管道一般由内部输送钢管，环氧粉末防腐涂层，聚氨酯保温层，聚乙烯防护层及混凝土配重层构成。如果一些技术障碍能够得到克服，相比双钢保温管道，单钢保温管道是更经济的保温输送选择[16, 17]（Morris, et al., 1979；Guidetti, et al., 1996），这主要得益于这种管道结构能够节约钢材和铺设时的焊接工作量。

多数情况下单钢保温管道裸置于海床上或者铺设到管沟中，投产后，管道钢管层的轴向热膨胀将引发作用在各管层及其界面上的剪力[18]（Palle, et al., 1998）。若要准确校核上述剪力，工程上最不确定因素仍然在于管土作用方面。长期以来，学者们始终在研究海底管道与海床之间的作用关系，例如 Reese 和 Casbarian（1968）[19]，Wagner 等（1987）[20]，Dendani 和 Jaeck（2007）[21]，Oliphant 和 Maconochie（2007）[22]，Rong 等（2009）[23] 的研究工作以及后来的 JIP 项目（David，et al.，2008[24]；Carr，et al.，2008[25]）。SAFEBUCK JIP 项目的研究成果指出，海底管道热膨胀会诱发启动摩擦力和残余摩擦力，可用 $F_A=W\zeta\mu_a$ 表示，其中 W 是管道沉没重量，μ_a 是轴向摩擦系数，ζ 是 "wedging factor"，乘积 $W\zeta$ 代表了考虑 "wedging" 影响的有效接触力。该摩擦力模型包含了接触力的水平分量，认为管道与海床海土之间的法向总接触力可能会大于管道的水下重量。

根据管道与海床海土之间的作用特点，单钢保温管道的路由基本可以划分为 3 段，即锚固段、启动摩擦段和滑移段。由于没有轴向运动或者轴向运动的趋势，锚固段管道上一般没有海床摩擦力作用；锚固段之外，在管道轴向力作用下，当局部管段趋向于轴向运动时，管道与海床之间的启动（静）摩擦力将被触发，一旦管道发生了微小的轴向位移，启动摩擦力将转变为滑动摩擦力，并保留在这段管道上。对承担热荷载的单钢保温管道来说，由于混凝土配重层上海床摩擦力的约束，内部钢管层的轴向力一般不会得到充分释放，由此引发作用在管道保温层、防护层以及各管层界面上的轴向剪力，而此时启动摩擦段的管道单根承担着最大的轴向剪力。

若要分析单钢保温管道钢管层的轴向力以及作用在其他诸管层或管层界面上的轴向剪力，需要考察海床海土的启动（静）摩擦作用并确定管道路由中启动摩擦段的范围。但分析管道与海土的作用关系，找到描述启动摩擦力的分布函数实际上是十分困难的，甚至有限元方法也难以准确实现这一目标，这主要是因为有限元法一般建立在求解单元节点自由度相关位移的基础上，而启动摩擦力并不与位移直接相关。因此现有的工程设计计算尚未单独校核单钢保温管道启动摩擦段内管道单根的轴向剪力。本节针对热荷载作用下单钢保温管道的轴向形变特点，结合管道与海床海土之间的作用关系，提出了分析该种类型管道钢管层轴向力及管道单根轴向剪力的完整方法。

二、单钢保温管道的轴向平衡方程

投产后管道钢管层壁内的轴向力推动管道滑移段向终端运动，此时管道滑移段上总的海床摩擦力与滑移段管道诸单根某一管层或管层界面所承担的总剪力均等于滑移段钢管层的总轴向力降。从管道锚固段到管道终端，钢管层轴向力下降总量近似等于滑移段管道及启动摩擦段管道混凝土配重层上海床摩擦力之和，如图 2.6 所示。

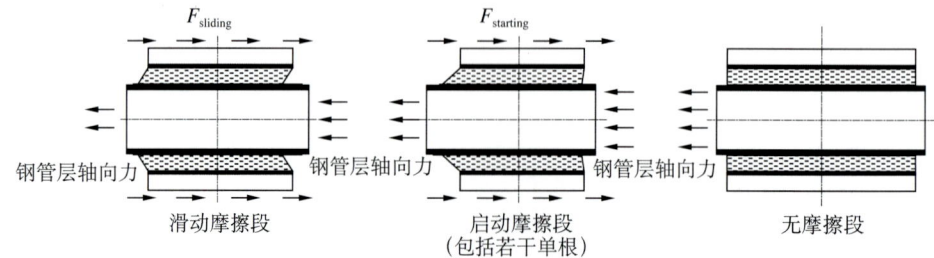

图 2.6　单钢保温管道钢管层的轴向平衡
（混凝土配重层、聚乙烯防护层和聚氨酯保温层不连续）
Figure 2.6　The axial balance of the carrier pipe of the cased insulated flowline
(The concrete weighted coat, protective coat and insulated coat are discontinuous)

因此，在启动摩擦段内钢管层的轴向力降与海床的启动（静）摩擦力有以下关系：

$$\left.\frac{\mathrm{d}f}{\mathrm{d}x}\right|_{x=L_0} = w\zeta\mu_{a,\max} \tag{2.48}$$

式中　$f(x)$——单钢保温管道的钢管层轴向力；

L_0——轴向最大启动摩擦的位置坐标；

w——管道单位长度的沉没重量；

$\mu_{a,\max}$——最大启动摩擦系数。

此外在启动摩擦段与锚固段的交界点，钢管层轴向力的梯度为零：

$$\left.\frac{\mathrm{d}f}{\mathrm{d}x}\right|_{x=L_{\text{sliding}}+L_{\text{starting}}} = 0 \tag{2.49}$$

式中　L_{sliding}，L_{starting}——管道滑移段长度和启动摩擦段长度。

对单钢保温管道而言，只有内部的钢管层是连续的，其他管层为不连续管层，各个焊接的管道单根之间利用现场接头保温，其钢管层的轴向平衡有

$$L_{\text{sliding}} w\zeta\mu_{\text{asliding}} + \int_{L_{\text{sliding}}}^{L_{\text{sliding}}+L_{\text{starting}}} F'_A(x)\mathrm{d}x = f_0 - f_{\text{spool}} \tag{2.50}$$

式中　$F'_A(x)$——启动摩擦段的摩擦力轴向线密度函数，为摩擦力的导函数；

μ_{asliding}——管道滑移段的轴向摩擦系数；

f_0——锚固段钢管层的轴向力。

f_0 可以表示为

$$f_0 = EA\alpha(T-T_0) + A\left(\frac{\Delta p r_c}{2t} - \nu\frac{\Delta p r_c}{t}\right) \tag{2.51}$$

式中　E——杨氏模量；

A——钢管壁横截面积；

ν——泊松比；

α——碳钢的热膨胀系数；

r_c——钢管层外半径；

t——钢管层壁厚；

T——单钢保温管道设计温度；

T_0——管道安装温度；

Δp——管道设计压力与环境压力之差；

f_{spool}——管道终端膨胀弯的约束反力。

f_{spool} 可以表示为

$$f_{\text{spool}} = \gamma_{\text{spool}} K_{\text{spool}} \tag{2.52}$$

式中　K_{spool}，γ_{spool}——膨胀弯的抗弯刚度和角变形量。

将式 (2.51) 和式 (2.52) 代入方程 (2.50) 中，得到

$$L_{\text{sliding}} w\mu_{\text{asliding}} + \int_{L_{\text{sliding}}}^{L_{\text{sliding}}+L_{\text{starting}}} F'_A(x)\mathrm{d}x$$
$$= EA\alpha(T-T_0) + A\left(\frac{\Delta p r_c}{2t} - v\frac{\Delta p r_c}{t}\right) - \gamma_{\text{spool}} K_{\text{spool}} \quad (2.53)$$

方程 (2.53) 即为是单钢保温管道的轴向平衡方程，其中管道滑移段长度 L_{sliding}，启动摩擦段长度 L_{starting}，摩擦力轴向线密度函数 $F'_A(x)$ 以及膨胀弯的角变形量 γ_{spool} 是未知的。沿路由，管道钢管层的轴向力变化如图 2.7 所示，该图同时给出了轴向摩擦力的线密度分布。

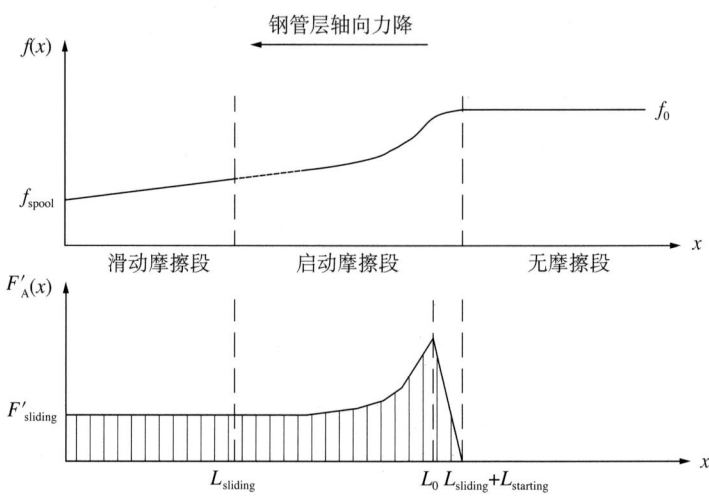

图 2.7　单钢保温管道的轴向力降及摩擦力轴向线密度函数

Figure 2.7　The axial force and friction distribution function of the Cased Insulated Flowline

管道末端轴向伸长量可以表示为

$$\Delta = d_{\text{offset}}\gamma_{\text{spool}} = \int_0^{L_{\text{sliding}}} \varepsilon_{\text{sliding}}(x)\mathrm{d}x + \int_{L_{\text{sliding}}}^{L_{\text{sliding}}+L_{\text{starting}}} \varepsilon_{\text{starting}}(x)\mathrm{d}x \quad (2.54)$$

式中　d_{offset}——管道与平台立管的偏移距离；

$\varepsilon_{\text{sliding}}(x)$，$\varepsilon_{\text{starting}}(x)$——分别是滑移段和启动摩擦段的轴向应变函数。

方程 (2.54) 右端第二个积分对实际管道来说其值较小，可以忽略，因此方程 (2.54) 可简化为

$$\Delta = d_{\text{offset}}\gamma_{\text{spool}} = \int_0^{L_{\text{sliding}}} \varepsilon_{\text{sliding}}(x)\mathrm{d}x \quad (2.55)$$

方程 (2.55) 中管道滑移段轴向应变可表示为

$$\varepsilon_{\text{sliding}}(x) = \varepsilon_{T,p} + \varepsilon_{\text{spool}} + \varepsilon_f(x) \quad (2.56)$$

式中　$\varepsilon_{T,p}$——功能性荷载引起的轴向应变，包括热荷载应变及管道内外压差引起的轴向应变；

$\varepsilon_{\text{spool}}$——膨胀弯约束力引起的轴向应变；

$\varepsilon_f(x)$——摩擦力引起的轴向应变。

$$\varepsilon_{\mathrm{T,p}} = \alpha(T-T_0) - \frac{1}{E}\left(\frac{\Delta p r_{\mathrm{c}}}{2t} - v\frac{\Delta p r_{\mathrm{c}}}{t}\right) \tag{2.57}$$

$$\varepsilon_{\mathrm{spool}} = -\frac{K_{\mathrm{spool}}\gamma_{\mathrm{spool}}}{EA} \tag{2.58}$$

$$\varepsilon_{\mathrm{f}}(x) = -\frac{\mu_{\mathrm{asliding}}w\zeta x}{EA} \tag{2.59}$$

将上述 3 个表达式带入方程 (2.55)，得到计算投产单钢保温管道终端伸长的计算公式：

$$\Delta = d_{\mathrm{offset}}\gamma_{\mathrm{spool}} = \int_0^{L_{\mathrm{sliding}}}\left[\varepsilon_{\mathrm{T,p}} + \varepsilon_{\mathrm{spool}} + \varepsilon_{\mathrm{f}}(x)\right]\mathrm{d}x = \left[\alpha(T-T_0) + \frac{1}{E}\left(\frac{\Delta p r_{\mathrm{c}}}{2t} - v\frac{\Delta p r_{\mathrm{c}}}{t}\right)\right]L_{\mathrm{sliding}}$$
$$-\frac{K_{\mathrm{spool}}\gamma_{\mathrm{spool}}}{EA}L_{\mathrm{sliding}} - \frac{\mu_{\mathrm{asliding}}w\zeta}{2EA}L_{\mathrm{sliding}}^2 \tag{2.60}$$

三、单钢保温管道的剪力计算

已铺就投产的单钢保温管道最容易发生剪切失效的位置在启动摩擦段，该段总的启动摩擦力可表示为

$$\int_{L_{\mathrm{sliding}}}^{L_{\mathrm{sliding}}+L_{\mathrm{starting}}} F_{\mathrm{A}}'(x)\mathrm{d}x = \int_{L_{\mathrm{sliding}}}^{L_0} F_{\mathrm{A}}'(x)\mathrm{d}x + \int_{L_0}^{L_{\mathrm{sliding}}+L_{\mathrm{starting}}} F_{\mathrm{A}}'(A)\mathrm{d}x \tag{2.61}$$

式 (2.61) 右端第二项可以忽略，近似有

$$\int_{L_{\mathrm{sliding}}}^{L_{\mathrm{sliding}}+L_{\mathrm{starting}}} F_{\mathrm{A}}'(x)\mathrm{d}x \approx \int_{L_{\mathrm{sliding}}}^{L_0} F_{\mathrm{A}}'(x)\mathrm{d}x \tag{2.62}$$

为校核启动摩擦段管道诸管层及其界面所承担的剪力，另一个需要提出的假设是启动摩擦作用局限在单钢保温管道的若干单根上，而这些单根上启动（静）摩擦力的轴向线密度函数可以表示为

$$F_{\mathrm{A}}'(\xi) = F_{\mathrm{V}}'\mu_{\mathrm{a}}(\xi) = \int_{\mathrm{arc}} g_{\mathrm{V}}(z,\theta)\mathrm{d}s\mu_{\mathrm{a}}(\xi) \tag{2.63}$$

式中 $F_{\mathrm{V}}'(\theta)$——单位管长海床对管道作用的法向接触力；

ξ——管道启动摩擦段轴向的局部坐标；

θ，z——管土作用接触面上任一点外法线与管道铅锤对称面之间的夹角及该点到海床的垂向距离。

图 2.8 为单钢保温管道在海床上沉没入泥的示意图（Westgate，et al., 2010）[26]。

对类似图 2.8 的非埋设管道来说，管道与海床之间作用的法向应力为垂向应力与水平应力的法向分量之和。土体极限平衡理论可直接给出管—土接触面上的法向应力与切向应力（施红伟，闫澍旺，2003）[27]：

$$\sigma_{\mathrm{n}} = \gamma z + c(1 + \cos 2\delta + 2\delta + \pi - 2\theta) \tag{2.64}$$

$$\tau_{\mathrm{n}} = c\sin 2\delta \tag{2.65}$$

式中 d——海土的内摩擦角；
c——海土的不排水剪切强度。

式 (2.63) 中积分函数 $g_V(z,\theta)$ 可表示为

$$g_V(z,\theta) = \sigma_n \cos\theta + \tau_n \sin\theta \tag{2.66}$$

其中位置坐标 θ 和 z 满足 $z=D(\cos\theta-\cos\alpha)/2$。当管道在海床上的入泥深度 H 小于管道的半径时，即 $H<D/2$，有 $\alpha=\cos^{-1}(1-2H/D)$；当管道在海床上的入泥深度大于等于管道的半径时，有：$\alpha=\pi-\cos^{-1}(2H/D-1)$。由式 (2.64)、式 (2.65) 和式 (2.66)，式 (2.63) 中的轴向线密度函数 $F_A'(x)$ 可进一步表示为局部坐标 ξ 和 θ 的函数。

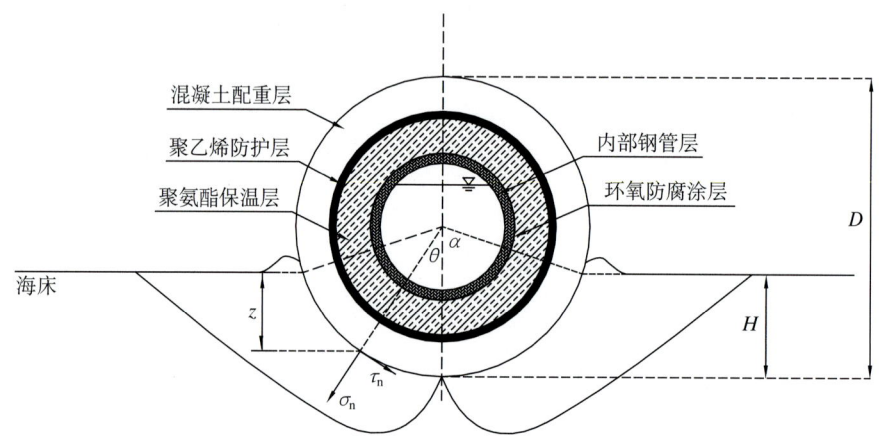

图 2.8　单钢保温管道在海床上的垂向入泥
Figure 2.8　The CIF pipe embedded into the soft clay seabed

对外径 0.2～1.0m 海底管道而言，当海床表面原状海土不排水抗剪强度在 0.8～70kPa 范围内时，可采用 Verley 与 Lund 1995 年[28]提出公式计算海床上管道沉没量：

$$\frac{H}{D}=0.0071(SG^{0.3})^{3.2}+0.062(SG^{0.3})^{0.7} \tag{2.67}$$

其中

$$S=w/(D \cdot S_u)$$

$$G=S_u/(D \cdot \gamma)$$

式中 S_u——表层海土不排水抗剪强度，kPa；
γ——海土的有效容重，kN/m³；
H——单钢保温管道垂向入泥深度，m。

四、典型的算例与结论

图 2.9 中的虚线是一组 JIP 项目提供的管土作用轴向摩擦响应数据，横坐标是无量纲轴向位移，为真实位移与启动摩擦段长度的商，纵坐标是轴向摩擦系数。在管道刚启动时刻，

呈现高达 0.45 的摩擦系数值，之后陡峭的下降段是静摩擦耗散段，最后达到的稳定摩擦系数值被称为残余摩擦系数，为 0.17。

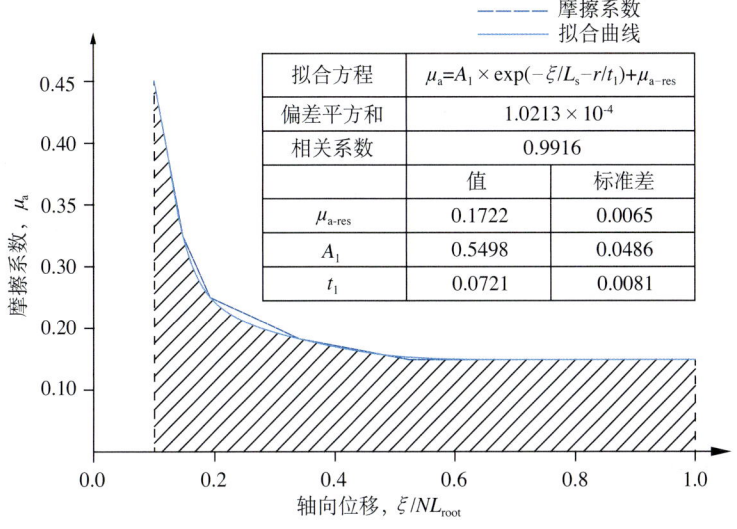

图 2.9 管土作用摩擦系数的拟合

Figure 2.9 Fitting of friction coefficient (here ξ is the local axial coordinate)

为数学上更简便地计算出管道管层承担的剪切，可选用一阶指数衰减函数拟合这组摩擦数据，得到以下表达式：

$$\mu_a\left(\frac{\xi}{NL_{root}}\right) = 0.1722 + 0.5498 e^{-\left(\frac{\xi}{NL_{root}}\right)/0.0721} \tag{2.68}$$

启动摩擦段诸管道单根承担的总剪力可计算为

$$Q = \int F_V' \mu_a(\xi) d\xi = \int_{arc} g_V(z,\theta) ds \cdot \int_0^{N \cdot L_{root}} \mu_a(\xi) d\xi$$
$$= \int_{-\alpha}^{\alpha} \frac{D}{2} \cdot g_V(z,\theta) d\theta \cdot \int_0^{N \cdot L_{root}} \mu_a(\xi) d\xi \tag{2.69}$$

表 2.3 列出了某单钢保温管道诸管层的设计参数（曹静等，2005）[29]，若采用如图 2.9 的摩擦系数分布，基于表达式 (2.69)，下述剪力校核过程可以实现。

首先根据式 (2.67) 计算出管道系统在海床上的沉没量，接近 119mm，小于管道半径，有 $\alpha = \cos^{-1}(1-2z/D) = 71.9°$。设管道启动摩擦段的长度为 10 根管道单根长度，即 NL_{root} =121.92 m，基于管土作用有效接触力并考虑"wedging"影响后表达式 (2.69) 的积分结果是 39.1kN。

据此，在启动摩擦段各管层或管层界面承担的平均剪力为 39.1/[$\pi DC_{O.D.} \times 10(L_{root}-L_{FJ})$]=0.639 kPa。考虑到图 2.9 中峰值摩擦系数大约是平均摩擦系数的 2 倍，可将上述平均剪力的两倍视为最大剪力用于剪切强度校核，即 1.277kPa。表 2.3 中各管层及其界面的抗剪强度，均大于 1.277kPa，但该种类型管道的现场接头是承担剪力的薄弱环节，根据其热缩套搭接的剪切强度（120℃时 82.8kPa），承担上述剪力，搭接面积需要达到 472cm²。

表 2.3 某典型单钢保温管道的设计参数
Table 2.3 Typical parameters of a cased insulated flowline

	材质	尺寸	性能指标	材料剪切强度
内层钢管	Steel (API 5L X65)	$DC_{O.D}$=168.3mm $TC_{W.T.}$=11.1mm	E=207000MPa，ν=0.3， ρ=7860 kg/m³	448×0.6 = 268.8MPa
防腐层	环氧粉末	$T_{A.C.}$=0.4mm	ρ=1595kg/m³	—
保温层	聚氨酯泡沫	$T_{I.C.}$=40mm	E=2.17MPa，ρ=60 kg/m³， G=0.904MPa	0.19MPa
防护层	聚乙烯夹克管	$T_{P.C.}$=8mm	E=490~700MPa，ρ=940 kg/m³， G=246MPa	10.15MPa
配重层	混凝土	$T_{W.C.}$=40mm	E=26480MPa，ρ=2480 kg/m³， G=12900MPa	40MPa
现场接头	热缩套内注玛蹄脂		聚丙烯管道涂层实现防腐和密封	剥离强度 82.8 kPa (120℃，ASTM D-1002)
管道沉没重量	w = 698.85N/m		管土界面摩擦角，δ=20° 有效容重，γ=2.9 kN/m³	单根长度 L_{root}=12.2 m
海土强度	c=0.6kPa		管层界面强度：防护层与配重层之间 0.2MPa；保温层与防护层之间 0.112MPa	

本节的计算表明，由于管—土轴向作用的特点，单钢保温管道的启动摩擦段将承担更大的剪力。该种类型管道管层及其界面的剪切校核，尤其是现场接头的剪切校核，需要考虑管道外启动（静）摩擦的影响。利用土体极限平衡与极限分析法可得到管道与海床海土间法向接触力的解析表达式，并可选用一阶指数衰减函数拟合沿管道路由的摩擦系数。

如果能够利用实验或者现场测试的方法获得更为精确的轴向摩擦力分布，根据单钢保温管道的轴向平衡方程，该种类型管道系统的轴向热膨胀伸长及其末端膨胀弯的角变形量均可得到计算。另外，沿着海底管道的路由一般情况下各管段都有较大的不直度，比起设想的直线管道，其轴向热膨胀的摩擦力将会更大，因此更精确的单钢保温管道剪力校核需要考虑管道不直度的影响。

第四节 保温管道温度应力计算的子结构法

下面以柔性连接双钢保温管道为例，详细阐述双钢管道温度应力计算的子结构有限元法，该方法同样可以应用于刚性连接系统的温度应力计算。

对柔性连接双钢保温管道进行组合荷载条件下的强度分析时，设计者一般希望能够建立整条管道的有限元模型，这主要是基于以下两点考虑，一是截取建模一般会涉及截断处边界条件的定义，而各种约束条件都未必能够准确地反映出管道在截取位置的状态，尤其是当热膨胀位移与海床摩擦力呈非线性关系时，分析前一般难以预判轴向位移为零的截取位置；二是若想准确地分析热荷载作用下管道的应力应变，有限元模型应包括管道两端的膨胀弯。

柔性连接系统用环板连接内外两管层，确保轴向同步变形。为分析环板所承担的剪力，管道模型需要用体单元来模拟，而环板数量又很多，受计算机软硬件条件的限制实现整条管道的有限元模拟难度很大。但柔性连接系统的管道结构呈现周期性，适合定义子结构单元建模，这就能够极大地增加模拟的范围，同时避免模型中周期性结构相同刚度矩阵的重复计算。

一、子结构单元法的有限元方程

子结构实质上是一个具有大量内部自由度的超级单元。为了减少系统的总自由度，在子结构与其他子结构或单元联结前，在该层子结构内部将内部自由度凝聚掉。为建立准备凝聚的子结构的系统方程，假定通过适当的结点编号，使子结构的刚度矩阵以及相应的结点位移和载荷列矩阵写成如下分块形式：

$$\begin{bmatrix} K_{bb} & K_{bi} \\ K_{ib} & K_{ii} \end{bmatrix} \begin{bmatrix} a_b \\ a_i \end{bmatrix} = \begin{bmatrix} P_b \\ P_i \end{bmatrix} \quad (2.70)$$

其中 a_b 及 a_i 分别是交接面上结点和内部结点的位移向量，刚度矩阵以及载荷列阵也分成与 a_b 及 a_i 相应的分块矩阵。

由式 (2.70) 的第二式可以得到

$$a_i = K_{ii}^{-1}(P_i - K_{ib} a_b) \quad (2.71)$$

将上式代入式 (2.70) 的第一式，就得到凝聚后的方程为

$$(K_{bb} - K_{bi} K_{ii}^{-1} K_{ib}) a_b = P_b - K_{bi} K_{ii}^{-1} P_i \quad (2.72)$$

可以简单地写成式 (2.73)

$$K_{bb}^* a_b = P_b^* \quad (2.73)$$

其中：

$$K_{bb}^* = K_{bb} - K_{bi} K_{ii}^{-1} K_{ib} \quad (2.74a)$$

$$P_b^* = P_b - K_{bi} K_{ii}^{-1} P_i \quad (2.74b)$$

需要指出的是，从式 (2.70) 经凝聚得到式 (2.73) 并不是按式 (2.72) 所示的矩阵运算进行的，而是按高斯—约当消去法进行的。

对于式 (2.70)，由于 K_{ii} 排在方程的下方，经 k 次消元运算以后可以得到如下形式的方程，即

$$\begin{bmatrix} K_{bb}^* & O \\ K_{ib}^* & I \end{bmatrix} \begin{bmatrix} a_b \\ a_i \end{bmatrix} = \begin{bmatrix} P_b^* \\ P_i^* \end{bmatrix} \quad (2.75)$$

式中 K_{bb}^*，P_b^* 就是式 (2.73) 中经凝聚后的子结构的刚度矩阵和载荷列阵，它经过的消去修正就是式 (2.74) 的要求。K_{ib}^* 及 P_i^* 是由子结构交界面自由度转换内部自由度的相关矩阵，它们由原来的相关矩阵经过了消去修正就得到

$$P_i^* = K_{ii}^{-1} P_i$$

$$K_{ib}^* = K_{ii}^{-1} K_{ib} \tag{2.76}$$

即式 (2.71) 中表示的关系。从式 (2.75) 中第一式解得 a_b 以后，代回第二式便可解出 a_i。

上述计算过程在形式上是清楚可行的，但却要求特定的结点编号，即每一子结构保留结点要集中编号，这将不利于得到最小带宽，使得机器内存和计算量不合理地增加，因此必须加以改进。

我们在子结构内按最小带宽的要求和其他合理的方式进行结点编号，这时结构的内部结点和交界面上的结点便不能全部集中在一起，一般来说可能集中成若干段。现以 a_i 和 a_b 各分成 2 段为例，子结构的系统方程为

$$\begin{bmatrix} K_{ii}^{(11)} & K_{ib}^{(11)} & K_{ii}^{(12)} & K_{ib}^{(12)} \\ K_{bi}^{(11)} & K_{bb}^{(11)} & K_{bi}^{(12)} & K_{bb}^{(12)} \\ K_{ii}^{(21)} & K_{ib}^{(21)} & K_{ii}^{(22)} & K_{ib}^{(22)} \\ K_{bi}^{(21)} & K_{bb}^{(22)} & K_{bi}^{(22)} & K_{bb}^{(22)} \end{bmatrix} \begin{bmatrix} a_i^{(1)} \\ a_b^{(1)} \\ a_i^{(2)} \\ a_b^{(2)} \end{bmatrix} = \begin{bmatrix} P_i^{(1)} \\ P_b^{(1)} \\ P_i^{(2)} \\ P_b^{(2)} \end{bmatrix} \tag{2.77}$$

通过前面反向、正向的消元运算，将内部结点位移 a_i 的有关刚度矩阵转化为单元矩阵，方程 (2.77) 成为

$$\begin{bmatrix} I & K_{ib}^{*(11)} & O & K_{ib}^{*(12)} \\ O & K_{bb}^{*(11)} & O & K_{bb}^{*(12)} \\ O & K_{ib}^{*(21)} & I & K_{ib}^{*(22)} \\ O & K_{bb}^{*(22)} & O & K_{bb}^{*(22)} \end{bmatrix} \begin{bmatrix} a_i^{(1)} \\ a_b^{(1)} \\ a_i^{(2)} \\ a_b^{(2)} \end{bmatrix} = \begin{bmatrix} P_i^{*(1)} \\ P_b^{*(1)} \\ P_i^{*(2)} \\ P_b^{*(2)} \end{bmatrix} \tag{2.78}$$

由上式可以求出交界面的结点位移，即

$$\begin{aligned} K_{bb}^{*(11)} a_b^{(1)} + K_{bb}^{*(12)} a_b^{(2)} &= P_b^{*(1)} \\ K_{bb}^{*(21)} a_b^{(1)} + K_{bb}^{*(22)} a_b^{(2)} &= P_b^{*(2)} \end{aligned} \tag{2.79}$$

对于内部结点位移，它们可由外部结点位移求得，即

$$\begin{aligned} a_i^{(1)} &= P_i^{*(1)} - K_{ib}^{*(11)} a_b^{(1)} - K_{ib}^{*(12)} a_b^{(2)} \\ a_i^{(2)} &= P_i^{*(2)} - K_{ib}^{*(21)} a_b^{(1)} - K_{ib}^{*(22)} a_b^{(2)} \end{aligned} \tag{2.80}$$

把子结构看作是一个超级"单元"时，式 (2.79) 可以按一般单元表示的形式为

$$K^e a^e = P^e \tag{2.81}$$

对于现在的"单元"有

$$\begin{aligned} K^e &= \begin{bmatrix} K_{bb}^{*(11)} & K_{bb}^{*(12)} \\ K_{bb}^{*(21)} & K_{bb}^{*(22)} \end{bmatrix} \\ P^e &= \begin{bmatrix} P_b^{*(1)} \\ P_b^{*(2)} \end{bmatrix} \\ a^e &= \begin{bmatrix} a_b^{(1)} \\ a_b^{(2)} \end{bmatrix} \end{aligned} \tag{2.82}$$

这时仅交界面上的结点自由度作为其他单元联结的"单元"自由度,而全部内部自由度都已凝聚。在由系统求得自由度后,回到子结构内部,利用式 (2.80) 分别求解各子结构的内部结点自由度。

当 a_i、a_b 分段更多一些时,也按上述原则处理。但分段不宜过多,否则将导致凝聚的不方便。

二、子结构单元法的计算验证

下面以惠州 19-2 至 PlEM 柔性连接双钢管道系统为例,对子结构单元法的计算可靠性进行验证,验证方法是对比有摩擦力和无摩擦力条件下,子结构单元模型与常规体单元模型的分析结果。惠州 19-2 至 PlEM 管道的设计数据见表 2.4。

表 2.4 惠州 19-2 至 PLEM 双层保温管道的基本设计数据
Table 2.4 Design data of HZ19-2 to PLEM pipe-in-pipe systems

外管外径,mm	457.20	热膨胀系数,m/(m℃)	1.17×10^{-5}
外管壁厚,mm	11.10	泊松比	0.3
内管外径,mm	323.85	温度荷载,℃	101.0
内管壁厚,mm	zone1 11.10 zone2 12.70	输送压力,MPa	10.69
管道长度,km	35.0	水深,m	117.6
管道材质	外管 API 5L X42 内管 API 5L X52	水下重量,N/m	1003.34
杨氏模量,MPa	2.07×10^5	轴向摩擦系数	0.5

将一组环板及相临的 60.96m 双层管道段定义为子结构单元,将该子结构单元应用 4 次建立一个 243.84m 的 PIP 管道模型。在子结构的定义层,用 C3D8R 实体单元划分网格。对内管施加 101.0℃的温度荷载,分别在外管有摩擦和外管无摩擦条件下进行了分析。为了对比验证,应用 C3D8R 体单元直接建立了一个 243.84m 的 PIP 管道模型,施加相同载荷,该模型没有应用子结构单元。两个模型具有相同的边界条件,一端锚固,另一端为自由端。

1. 无摩擦力条件下子结构模型的验证

首先对比无摩擦力条件下的分析结果。计算结果显示,在没有考虑摩擦力的情况下,常规体单元模型伸长了 0.1402m,最大 Mises 应力为 178.4MPa,图 2.10 ~ 图 2.12 给出了该温度荷载下常规体单元模型的 Mises 应力分布云图。4 组环板的最大 Mises 应力值依次为 153.3MPa、146.2MPa、147.4MPa 和 148.3MPa,锚固端附近内层管的最大 Mises 应力为 163.3MPa。

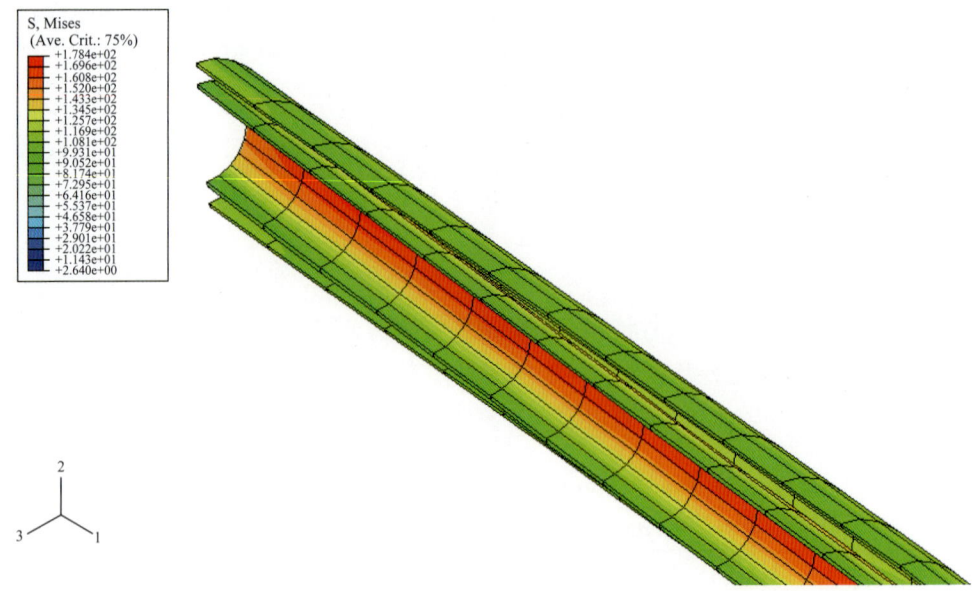

图 2.10 常规体单元模型自由端附近的应力分布

Figure 2.10　Mises stresses near the free end of the normal cell-element model

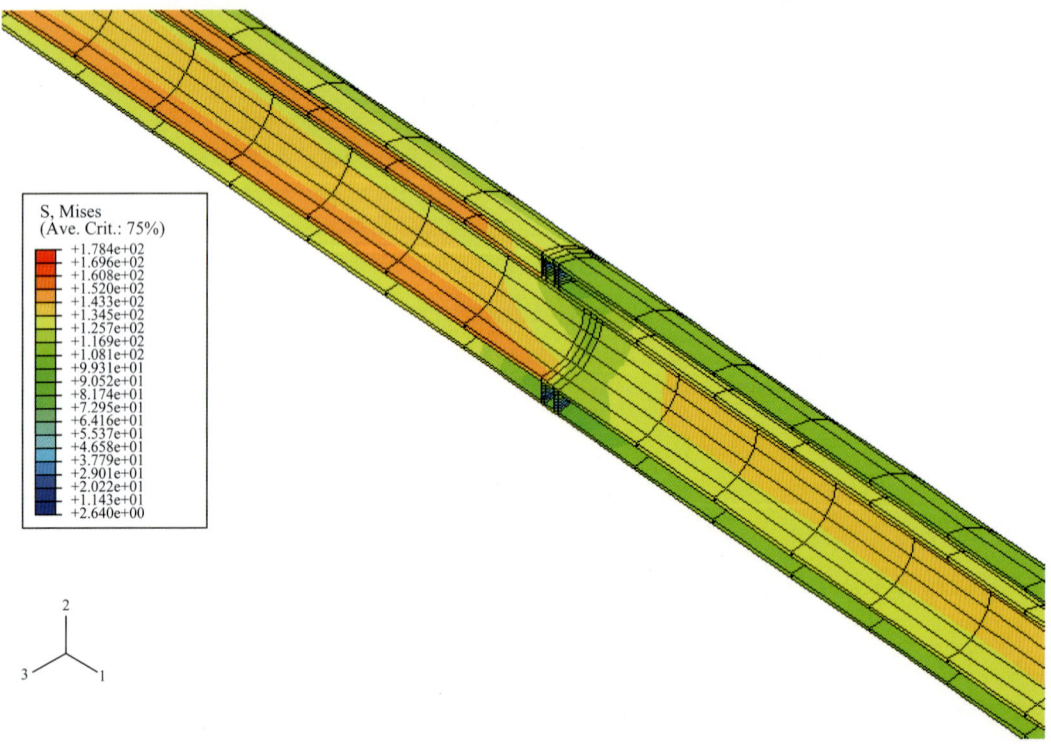

图 2.11 常规体单元模型环板（最靠近自由端的环板）附近的应力分布

Figure 2.11　Mises stresses near the first pair of donut plates of the normal cell-element model

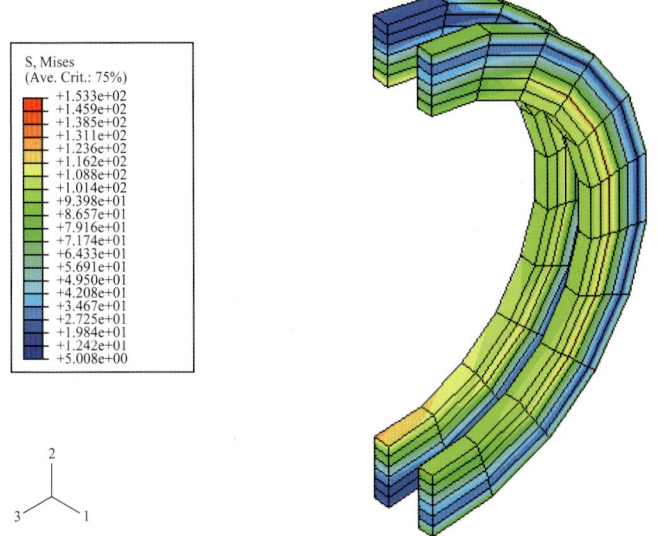

图 2.12　常规体单元模型环板（最靠近自由端的环板）的应力分布

Figure 2.12　Mises stresses of the first pair of donut plates of the normal cell-element model

子结构模型在该温度荷载下伸长了 0.1408m，第一个子结构单元的最大 Mises 应力值为 175.1MPa，如图 2.13 所示，该子结构单元环板附近的 Mises 应力分布如图 2.14 所示，环板的 Mises 应力分布如图 2.15 所示，最大 Mises 应力值为 161.8MPa。第二个子结构单元的最大 Mises 应力值为 142.2MPa，环板最大 Mises 应力值为 136.5MPa；第三个子结构单元的最大 Mises 应力值为 141.0MPa，环板最大 Mises 应力值为 135.7MPa；第四个子结构单元的最大 Mises 应力值为 162.3MPa，环板最大 Mises 应力值为 135.6MPa。

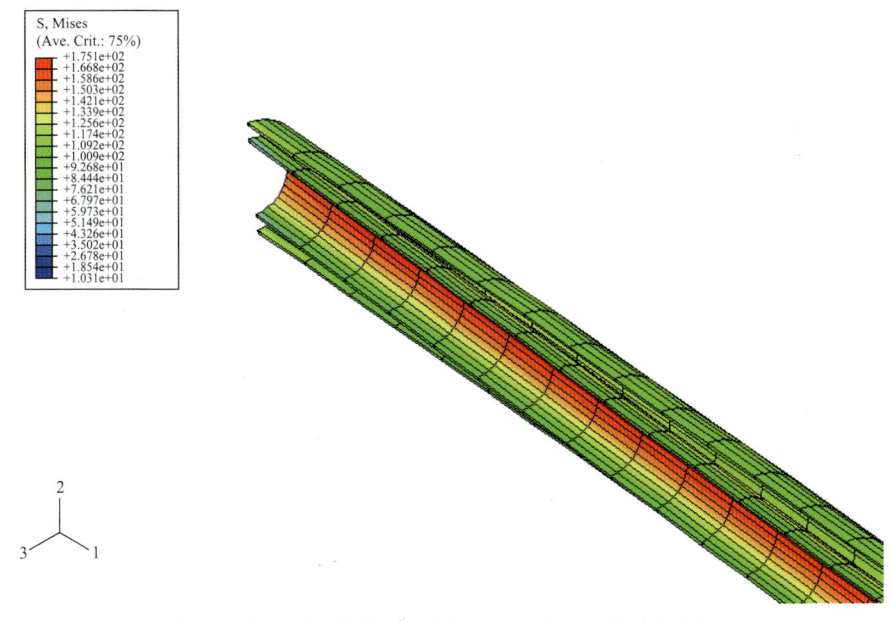

图 2.13　第一个子结构单元的 Mises 应力云图（自由端）

Figure 2.13　Mises stresses of the first sub-structure element (free end)

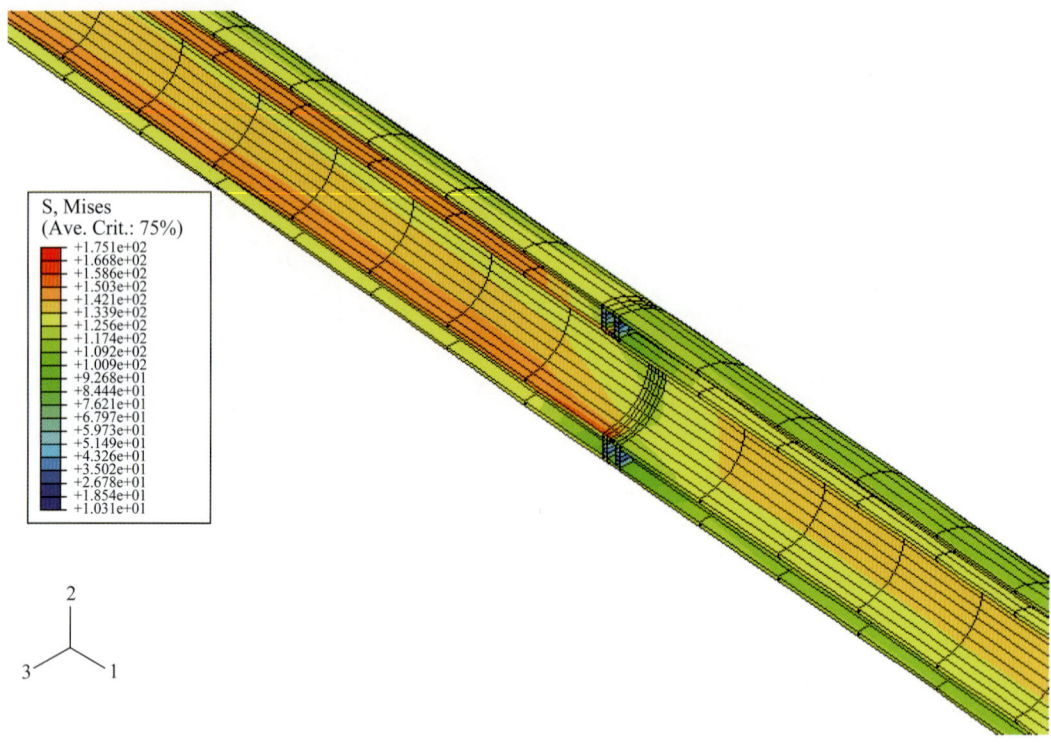

图 2.14 第一个子结构单元环板附近的应力分布

Figure 2.14　Mises stresses near the donut plates of the first sub-structure element

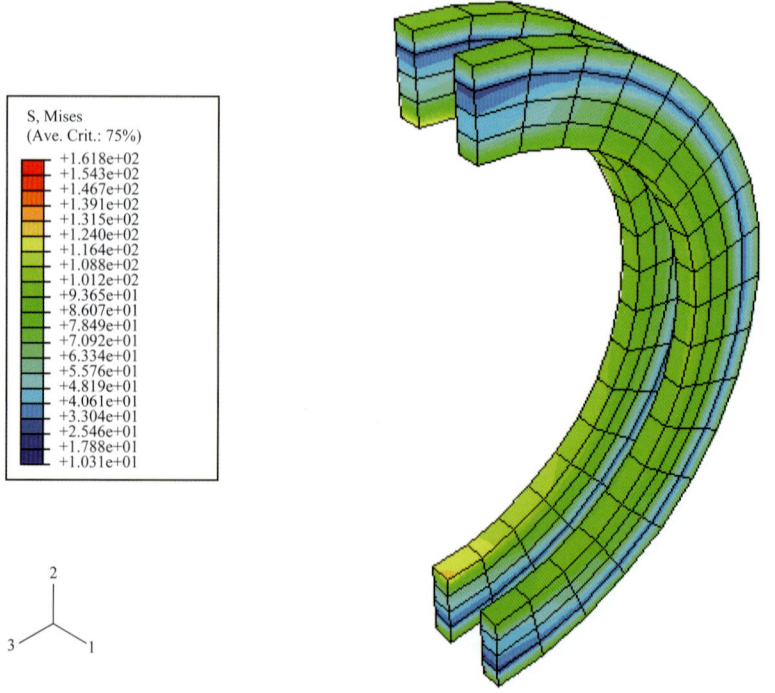

图 2.15 第一个子结构单元环板内的应力分布

Figure 2.15　Mises stresses of the donut plates of the first sub-structure element

对比表2.5所列出的分析结果，相同热荷载下子结构模型与常规体单元模型的变形量很接近，由于管道模型的轴径比很大，网格的差异导致两模型环板上的最大Mises应力值相差10%左右，考虑到环板上的应力并不是设计的控制应力，而且子结构单元内部的网格可以充分细化，所以应用子结构模型分析双钢海底管道系统能够得到比较可靠的分析结果。

表2.5 子结构模型与常规体单元模型分析结果对比（最大Mises应力，无摩擦力）
Table 2.5 Analysis results of a substructure model and a normal model (Maxi. Mises stress, frictionless)

模型	101℃热荷载伸长量 m	环板1 MPa	环板2 MPa	环板3 MPa	环板4 MPa	锚固端 MPa	自由端 MPa
常规体单元模型	0.1402	153.3	146.2	147.4	148.3	163.3	178.4
子结构单元模型	0.1408	161.8	136.5	135.7	135.6	162.3	175.1

2. 考虑海床摩擦力条件下子结构模型的验证

对比有摩擦力条件下的分析结果。添加非线性弹簧单元模拟管道外海床摩擦力后（此处仅考虑轴向摩擦力），计算结果显示，原常规体单元模型在101.0℃荷载下伸长0.1277m，最大Mises应力值为165.7MPa，出现在管道锚固端附近，如图2.16所示；最靠近自由端环板的最大Mises应力值为157.4MPa，如图2.17所示；4个环板最大应力值依次为157.4MPa、148.3MPa、149.5MPa和150.1MPa。

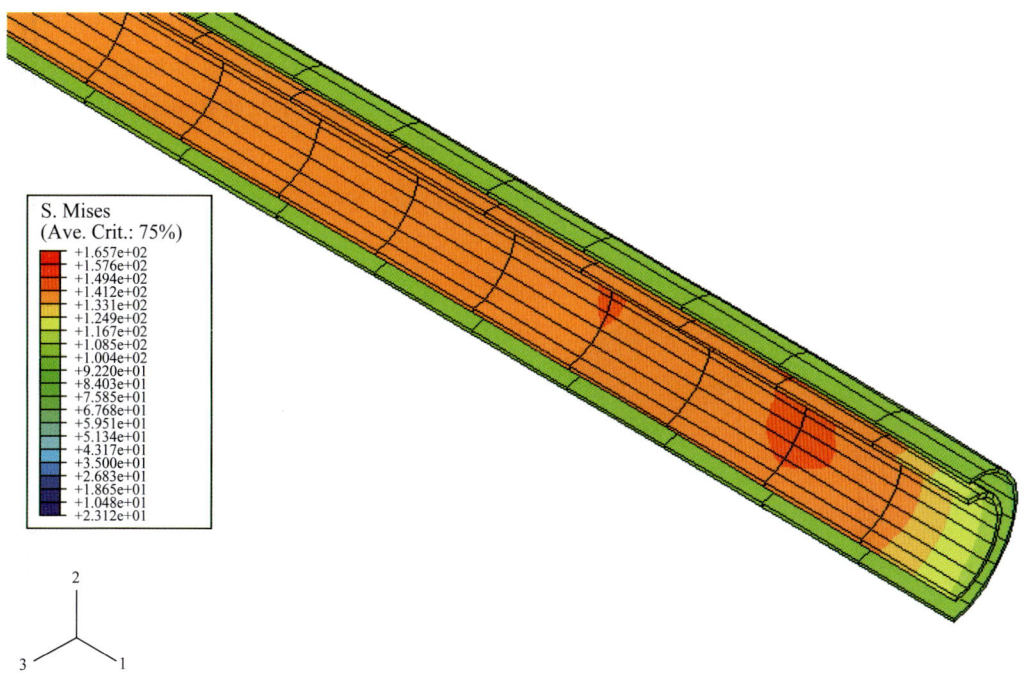

图2.16 常规体单元模型锚固端附近的应力分布
Figure 2.16 Mises stresses near the fixed end of the normal cell-element model

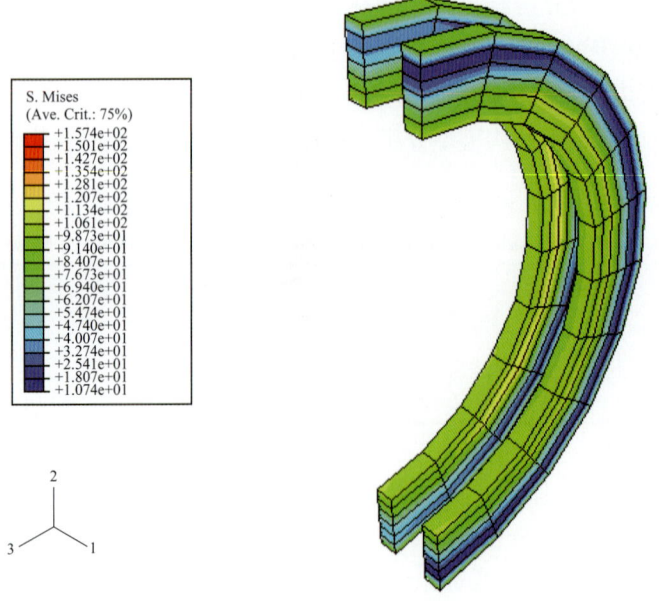

图 2.17　常规体单元模型环板（最靠近自由端的环板）的应力分布
Figure 2.17　Mises stresses of the first pair of donut plates of the normal cell-element model

子结构模型在该温度荷载下伸长了 0.1278m，算得最大 Mises 应力值为 164.1MPa，出现在管道锚固端附近，如图 2.18 所示；第一个子结构单元最大 Mises 应力值为 147.3MPa，环板最大应力值为 134.6MPa，如图 2.19 所示；第二个子结构单元最大 Mises 应力值为 141.7MPa，环板最大应力值为 141.3MPa，如图 2.20 所示；第三个子结构单元最大 Mises 应力值为 143.0MPa，环板最大应力值为 138.4MPa，如图 2.21 所示。第四个子结单元环板上最大 Mises 应力值为 140.3MPa，应力分布如图 2.22 所示。

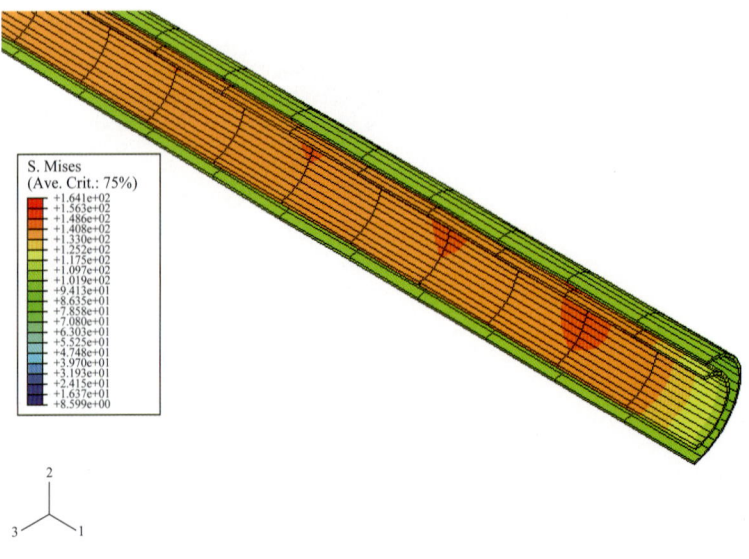

图 2.18　子结构模型锚固端附近的 Mises 应力云图
Figure 2.18　Mises stresses of the fixed end of the sub-structure model

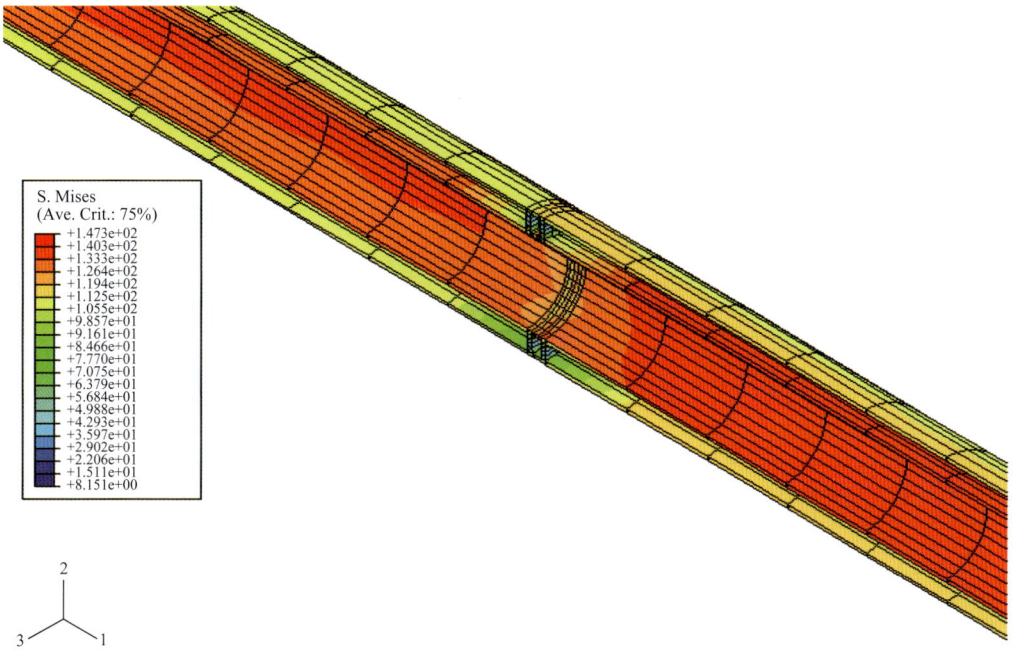

图 2.19　第一个子结构单元环板附近的应力分布
Figure 2.19　Mises stresses near the donut plates of the first sub-structure element

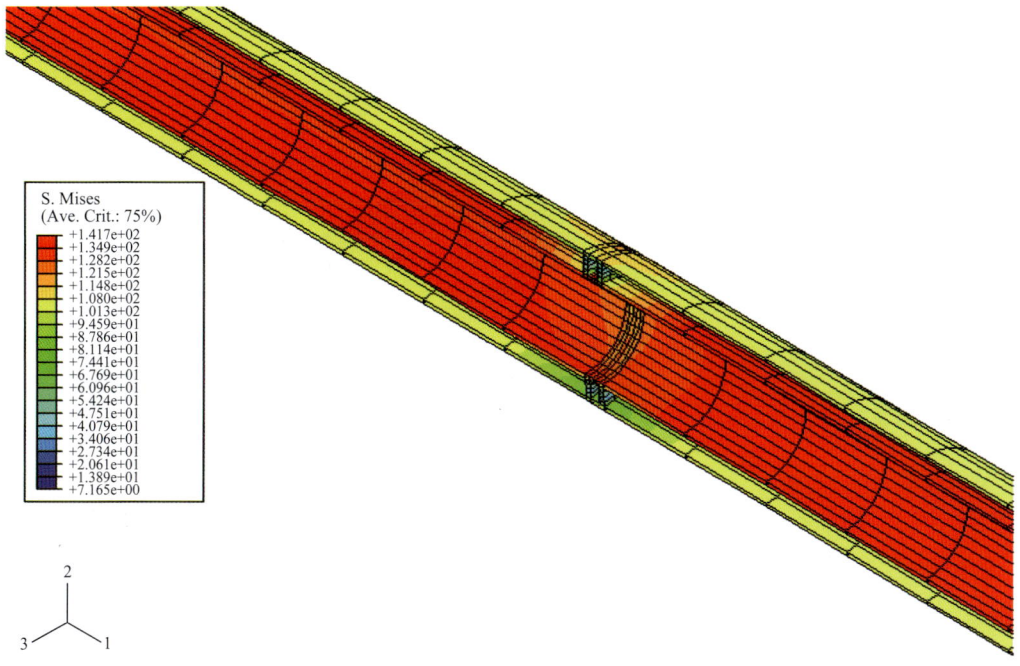

图 2.20　第二个子结构单元环板附近的应力分布
Figure 2.20　Mises stresses near the donut plates of the second sub-structure element

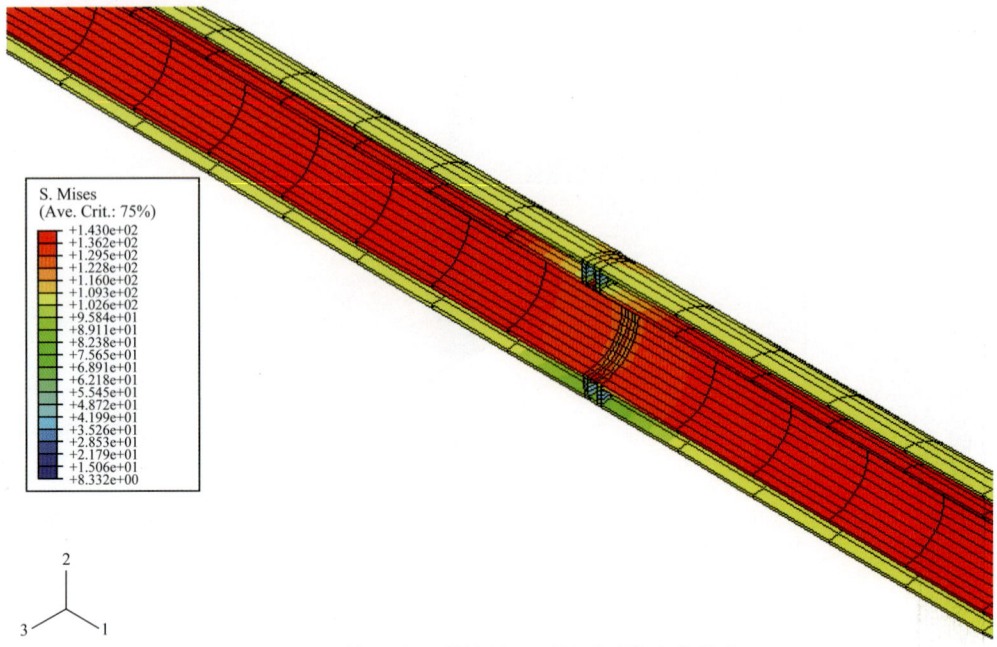

图 2.21 第三个子结构单元环板附近的应力分布
Figure 2.21 Mises stresses near the donut plates of the third sub-structure element

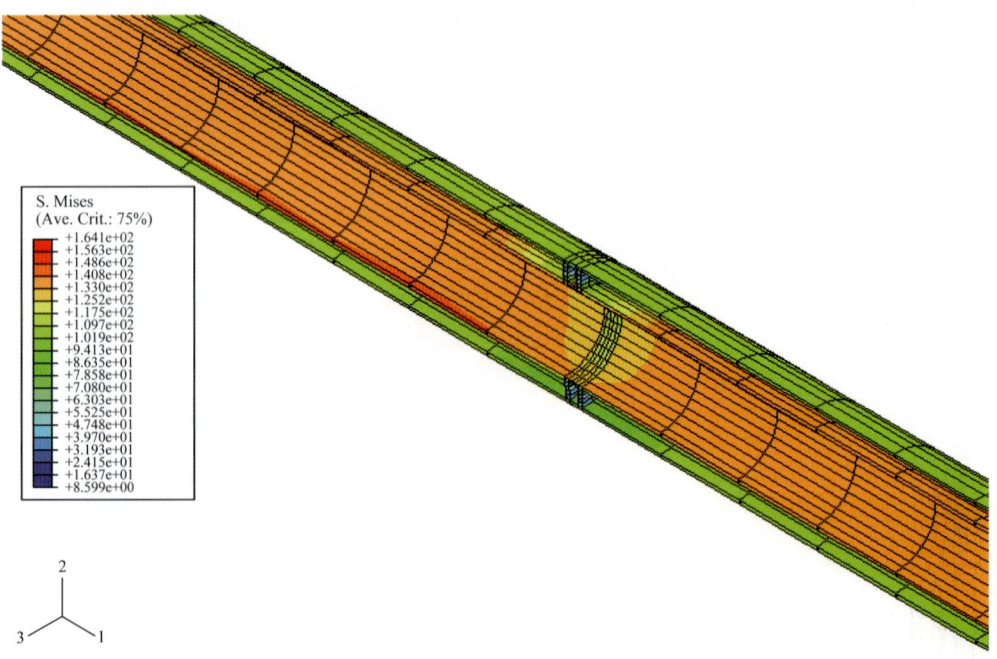

图 2.22 第四个子结构单元环板附近的应力分布
Figure 2.22 Mises stresses near the donut plates of the fourth sub-structure element

表 2.6 的对比结果表明，子结构单元模型与常规体单元模型的形变与应力分析结果非常接近，因此子结构单元模型可以替代常规单元模型用于详细设计中的管道承载校核，从而在有限的软硬件资源下将整条海底管道连同管道终端的膨胀弯一体模拟出来，避免截取建模带来的边界条件定义误差。

表 2.6　子结构模型与常规体单元模型分析结果对比（最大 Mises 应力，有摩擦力）
Table 2.6　Analysis results of a substructure model and a normal model (Maxi. Mises stress, friction)

模型	101℃热荷载伸长量 m	环板 1 MPa	环板 2 MPa	环板 3 MPa	环板 4 MPa	锚固端 MPa	自由端 MPa
常规体单元模型	0.1277	157.4	148.3	149.5	150.1	165.7	157.4
子结构单元模型	0.1278	134.6	141.3	138.4	140.3	164.1	147.3

另外，将有摩擦子结构模型的计算结果与无摩擦子结构模型的计算结果对比，发现靠近自由端的前两个子结构单元的最大 Mises 应力值变小，靠近锚固端的后两个子结构单元的最大 Mises 应力值变大，这与轴向摩擦力作用下 PIP 管道的应力状态相符。

三、子结构单元校核热荷载作用下的双钢管道强度

以 4 组环板及相应管道段的内外管层定义子结构单元，构建惠州 19-2 至 PlEM 双钢保温管道的子结构单元模型，子结构单元长度为 243.84m，将该子结构单元应用 71 次模拟该管道的半长度，子结构单元模型一端锚固，另一端为自由端。在模型的自由端将外管与内管锚固在一起，并应用非线性弹簧模拟海床对管道的轴向摩擦力。对内层管道施加 101℃ 的温度荷载，同时定义输出第 1，2，30，50，70，71 子结构单元的分析结果。

子结构单元 1 的输出显示，惠州 19-2 至 PLEM 管道终端伸长了 1.367m，如图 2.23 所示；该子结构单元最大 Mises 应力值为 167.8MPa，如图 2.24 所示。子结构单元 1 中靠近自由端环板的最大 Mises 应力值为 160.1MPa，环板内应力分布如图 2.25 所示，环板内轴向位移分布如图 2.26 所示。

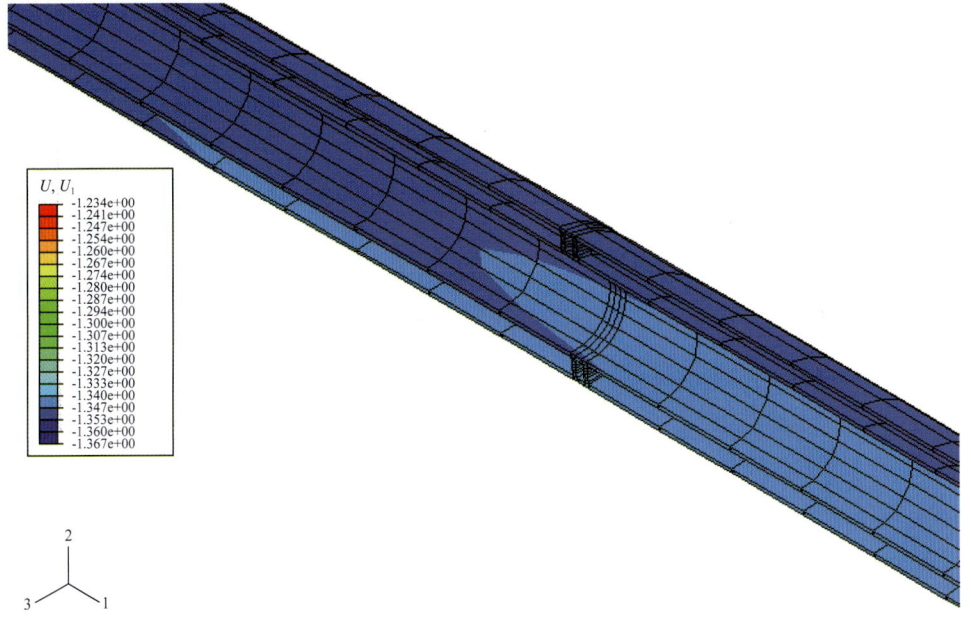

图 2.23　子结构单元 1 的位移分布

Figure 2.23　The displacement distribution of the first sub-structure element

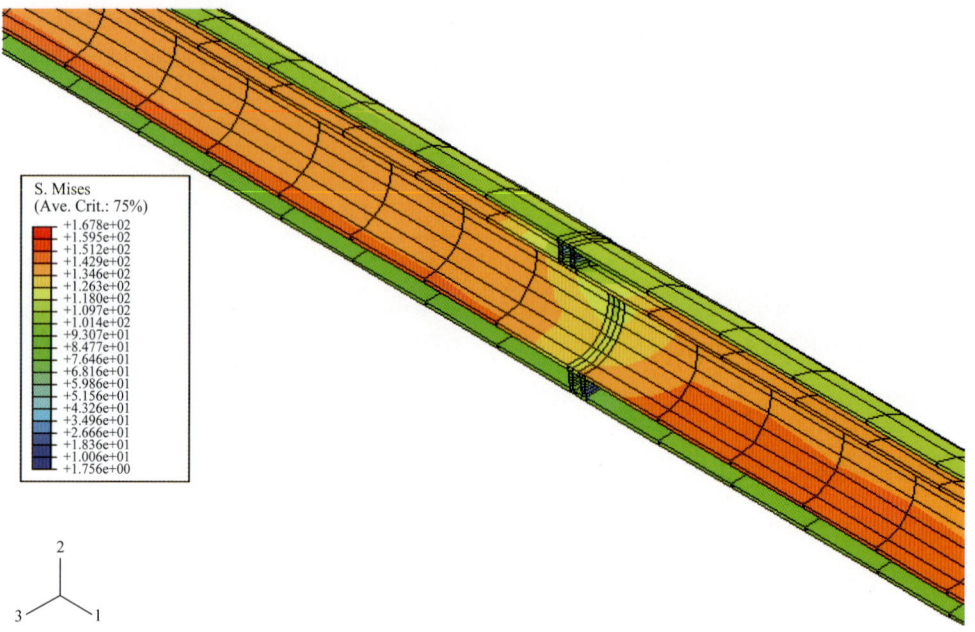

图 2.24 子结构单元 1 的应力分布
Figure 2.24 Mises stresses of the first sub-structure element

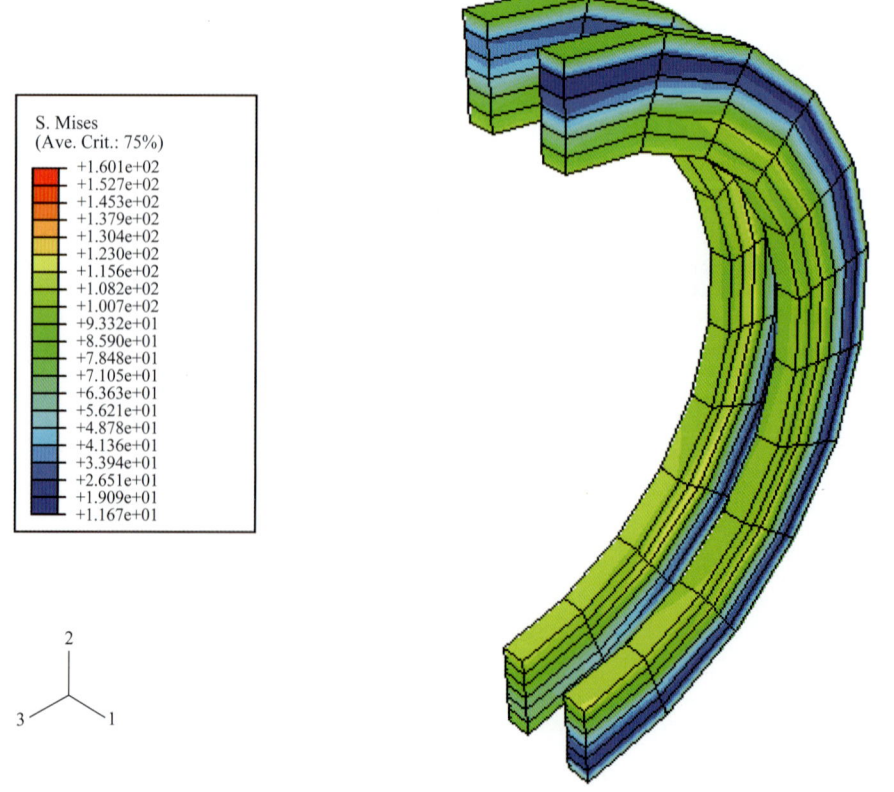

图 2.25 子结构单元 1 靠近自由端环板组的应力分布
Figure 2.25 Mises stresses of the first pair of donut plates

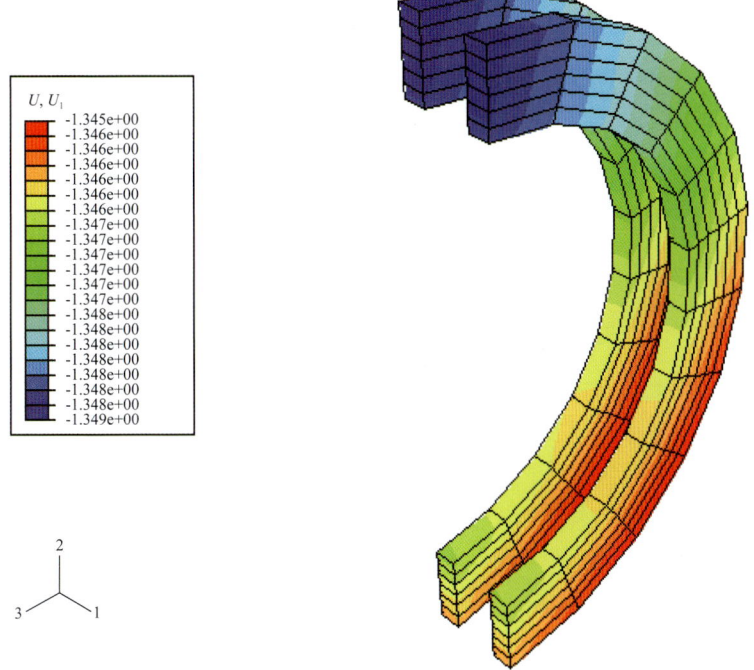

图 2.26　子结构单元 1 靠近自由端环板组的轴向位移分布

Figure 2.26　The axial displacement distribution of the first pair of donut plates

子结构单元 2 的输出显示，该子结构单元内最大 Mises 应力值为 159.4MPa，单元内靠近自由端环板的最大 Mises 应力值为 158.0MPa，环板内轴向位移分布如图 2.27 所示。

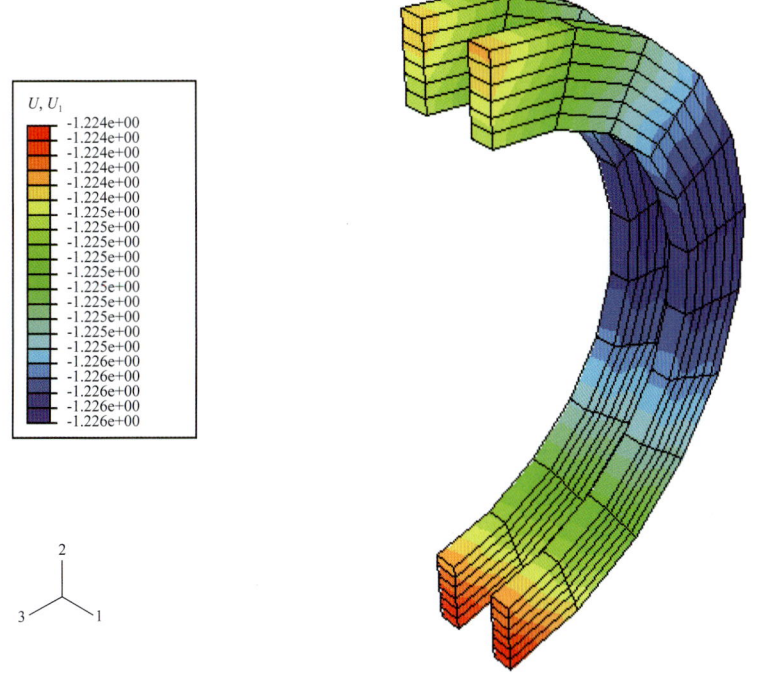

图 2.27　子结构单元 2 靠近自由端环板组的轴向位移分布

Figure 2.27　The axial displacement distribution of the fifth pair of donut plates

子结构单元 30 的输出显示，该子结构单元内最大 Mises 应力值为 248.7MPa，如图 2.28 所示；单元内靠近自由端环板的最大 Mises 应力值为 242.5MPa，如图 2.29 所示，子结构单元 30 位于 PIP 管道的锚固段，轴向温度应力得不到释放，其应力为整条管道的控制应力。

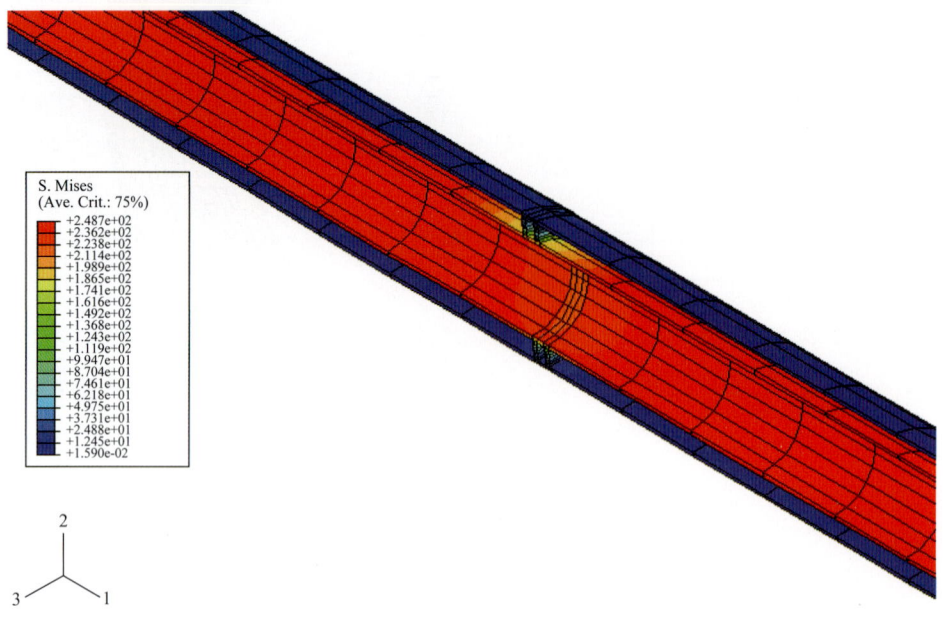

图 2.28　子结构单元 30 的应力分布

Figure 2.28　Mises stresses of the 30th sub-structure element

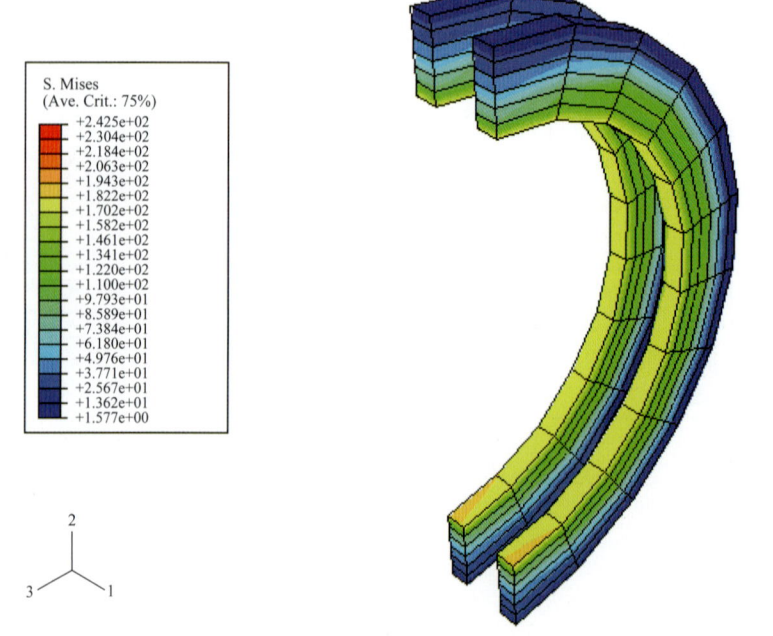

图 2.29　子结构单元 30 环板组的应力分布

Figure 2.29　Mises stresses of the donut plates of the 30th sub-structure element

子结构单元 50 的输出显示，该子结构单元的最大 Mises 应力值为 248.7MPa，如图 2.30 所示；单元内靠近自由端环板的最大 Mises 应力值为 242.5MPa，如图 2.31 所示，该单元也位于 PIP 管道的锚固段，温度应力同样为整条管道的控制应力。

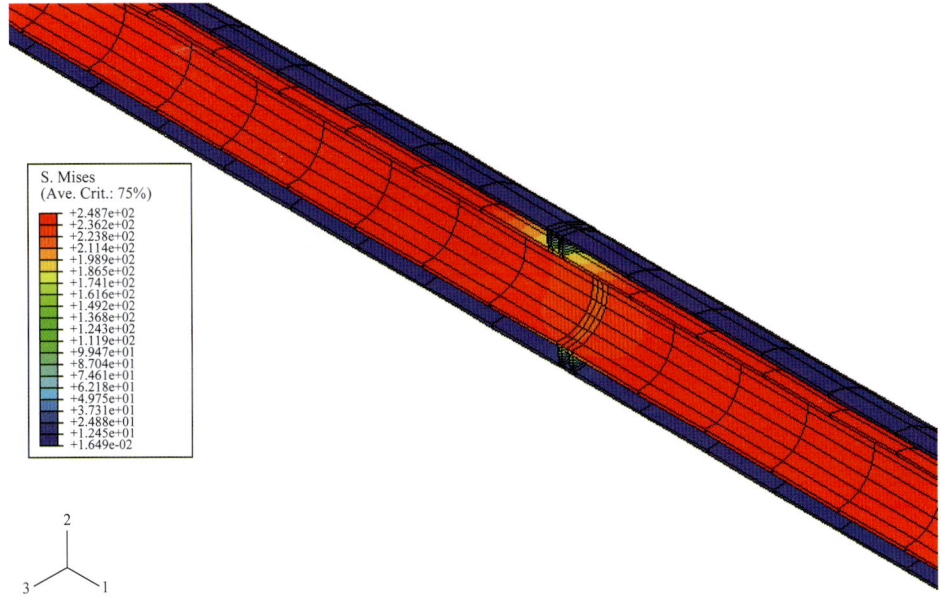

图 2.30　子结构单元 50 的应力分布

Figure 2.30　Mises stresses of the 50th sub-structure element

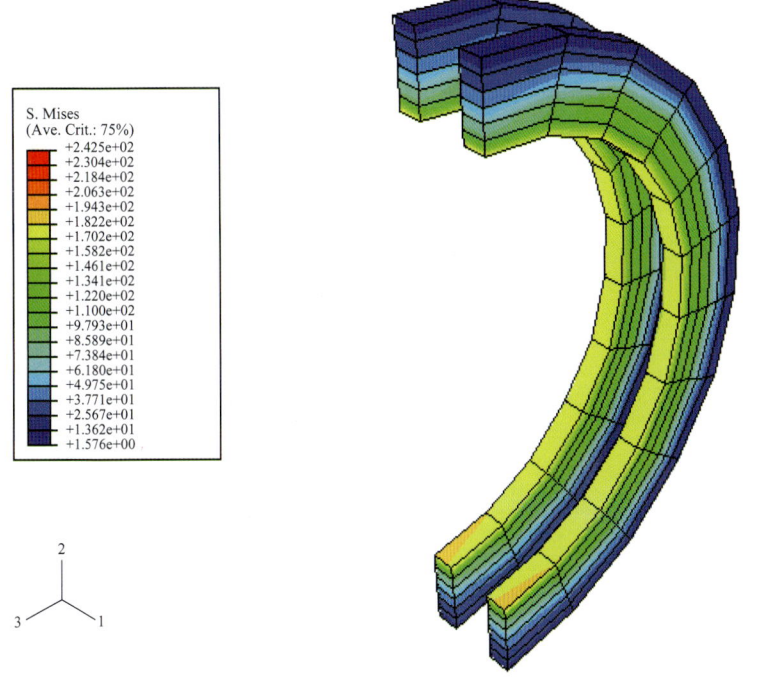

图 2.31　子结构单元 50 环板组的应力分布

Figure 2.31　Mises stresses of the donut plates of the 50th sub-structure element

子结构单元 70 的输出显示，该子结构单元的最大 Mises 应力值为 248.7MPa，如图 2.32 所示；单元内靠近自由端环板的最大 Mises 应力值为 242.5MPa，如图 2.33 所示。

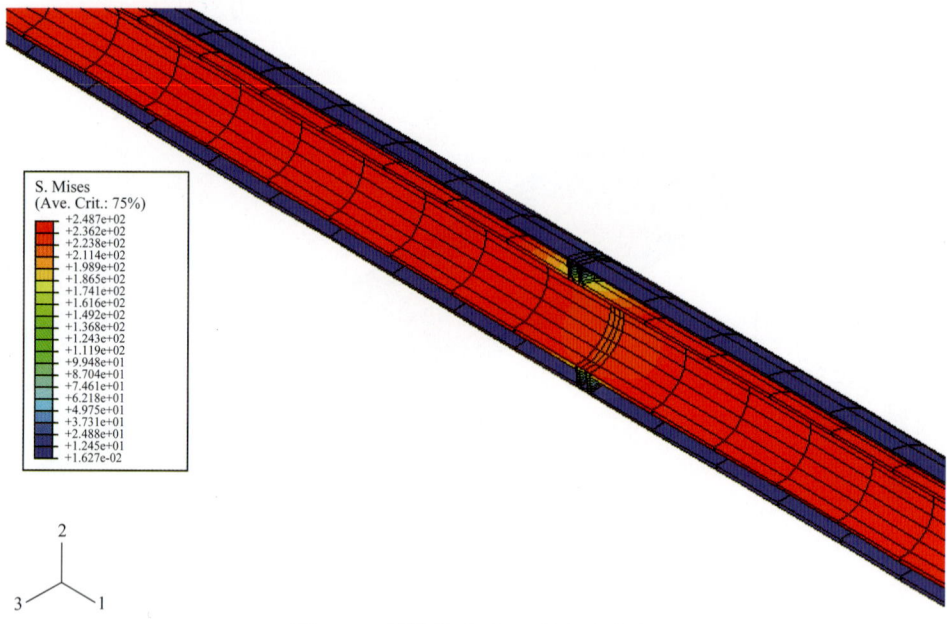

图 2.32　子结构单元 70 的应力分布

Figure 2.32　Mises stresses of the 70th sub-structure element

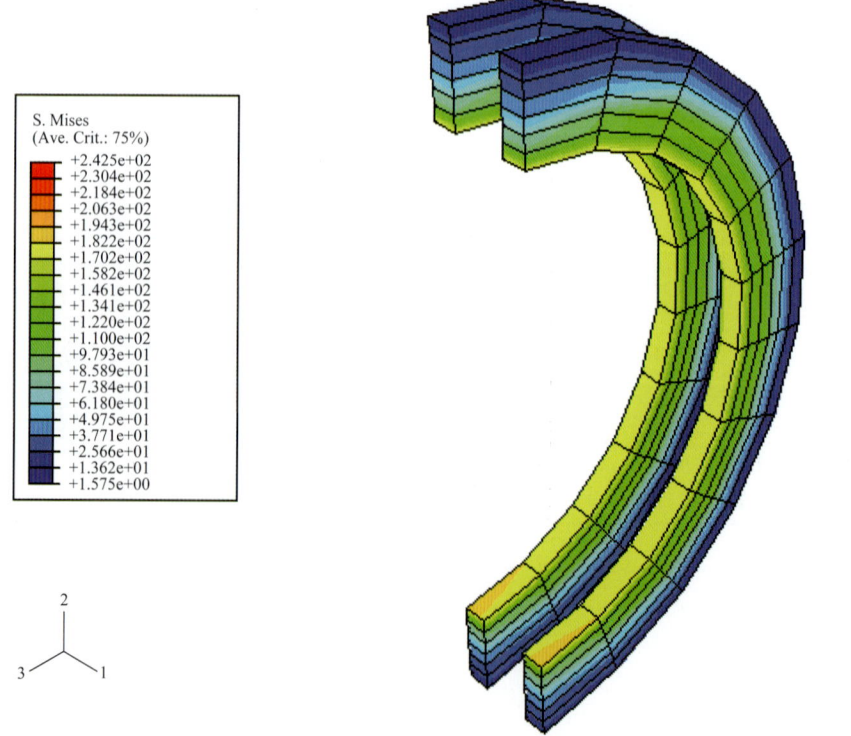

图 2.33　子结构单元 70 环板组的应力分布

Figure 2.33　Mises stresses of the donut plates of the 70th sub-structure element

子结构单元 71 的输出显示，该子结构单元的最大 Mises 应力值为 272.6MPa，出现在锚固端附近，如图 2.34 所示，为整个子结构单元模型 101℃ 热荷载下分析得到的最大 Mises 应力值。

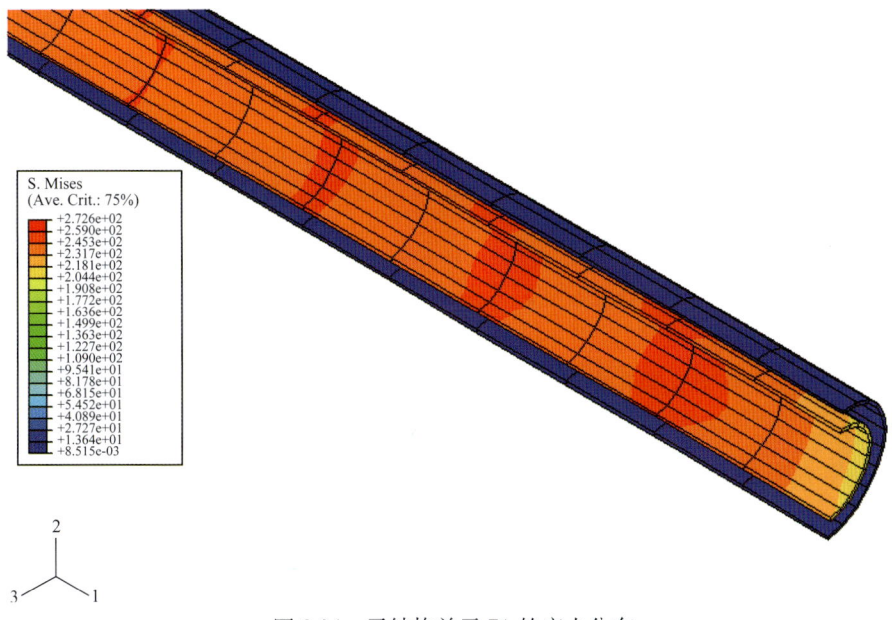

图 2.34　子结构单元 71 的应力分布

Figure 2.34　Mises stresses of the 71st sub-structure element

四、子结构单元校核组合荷载作用下的双钢管道强度

下面以惠州 19-2 至惠州 19-3 双钢保温管道为例，详细介绍如何应用子结构法分析组合荷载下的管道应力。对于长距离的双钢高温管道，只有通过定义子结构单元凝聚减少自由度数目的方法才有可能将管道连同管道终端膨胀弯一体模拟出来。

采用表 2.7 提供的双钢管道结构数据和材料属性数据建模，同惠州 19-2 至 PLEM 管道模型的分析过程相比，荷载中增加了管道的内外压力，所以当选择建 180°管周模型的时候，需要合理定义子结构单元的内部边界条件。

表 2.7　惠州 19-2 至 19-3 双钢保温管道的基本设计数据

Table 2.7　Design data of HZ19-2 to 19-3 pipe-in-pipe systems

外管外径，mm	355.60	热膨胀系数，m/(m·℃)	1.1×10^{-5}
外管壁厚，mm	9.50	环境温度，℃	15.56
内管外径，mm	273.05	输送温度，℃	120.00
内管壁厚，mm	zone1 9.30 zone2 12.70	输送压力，MPa	9.17
管道长度，km	7.2	水深，m	102.11
管道材质	外管 API 5L X42 内管 API 5L X52	水下重量，N/m	805.97
杨氏模量，MPa	2.07×10^{5}	轴向摩擦系数	0.5
泊松比	0.3		

应用子结构单元建模分析高温海底管道温度应力需要注意以下两点：第一，子结构方法凝聚了子结构模型内部的自由度，但模拟海土摩擦的弹簧单元只能添加在子结构单元的保留节点上，这就相对减少了弹簧单元的数目，增加了每个弹簧单元控制的管段长度，由于需要将弹簧单元定义为非线性属性单元，所以子结构的凝聚降低了摩擦力模拟的精度；第二，用于定义子结构单元内部边界条件的节点与保留的节点为同一个节点时，该节点在子结构单元应用层的分析中可能会成为奇点，带来分析结果局部的不准确。

对于第一个问题，需要增加对比模拟的工作量，验证子结构单元尺度与管土摩擦力模拟的精度之间的关系，选择比较合理的子结构尺度。针对第二个问题，需要具体地分析奇点产生的原因，在子结构单元的定义层加以解决。

将4组环板及相应的双钢管道段定义为子结构单元，该超级单元长度为243.84m，将其应用15次模拟惠州19-2至惠州19-3管道的半长度。由超级单元组成的管道模型一端锚固，另一端与常规壳单元模拟的膨胀弯模型连接，并将管道末端Bulkhead定义为内外管层的锚固连接。在子结构定义层，加载了如图2.35所示的荷载，并在"凝聚"时保留了图中标出的节点（图2.35仅标出了管道一端的保留节点），作为应用层的子结构单元节点。

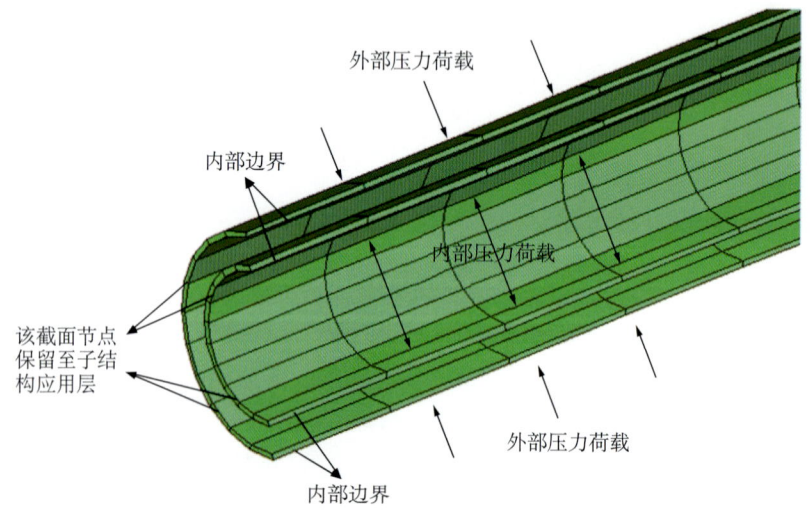

图 2.35 子结构定义层载荷的施加和节点的保留

Figure 2.35 Loads and nodes preserved of a sub-structure element

鉴于惠州19-2至惠州19-3管道资料的缺乏，选用另一条PIP管道的膨胀弯（TIE-IN SPOOL）模型与上述子结构模型连接，模拟惠州19-2至惠州19-3管道的边界条件，以期验证双钢管道子结构单元与常规单元结合使用的计算效果，图2.36为所选择的Tie-in spool的结构图。

子结构单元和常规单元的配合使用节省了有限的内存资源，能够构建海底管道和膨胀弯的一体模型，避免了子结构模型部分单元刚度矩阵的重复计算，提高了管道模型的分析效率。由于同时包括了海床摩擦力与管道终端膨胀弯的约束作用，这样的模型将获得更为接近实际的分析结果。分析结果显示惠州19-2至惠州19-3管道在热荷载作用下向膨胀弯的方向伸长，根据各位置轴向位移量的变化可以将管道路由分为锚固段和滑移段。各子结构单元端部的轴向位移见表 2.8（100001 子结构单元位于管道模型的锚固端，100014 子结构单元与 4 节点壳单元构建的膨胀弯模型相连接）。

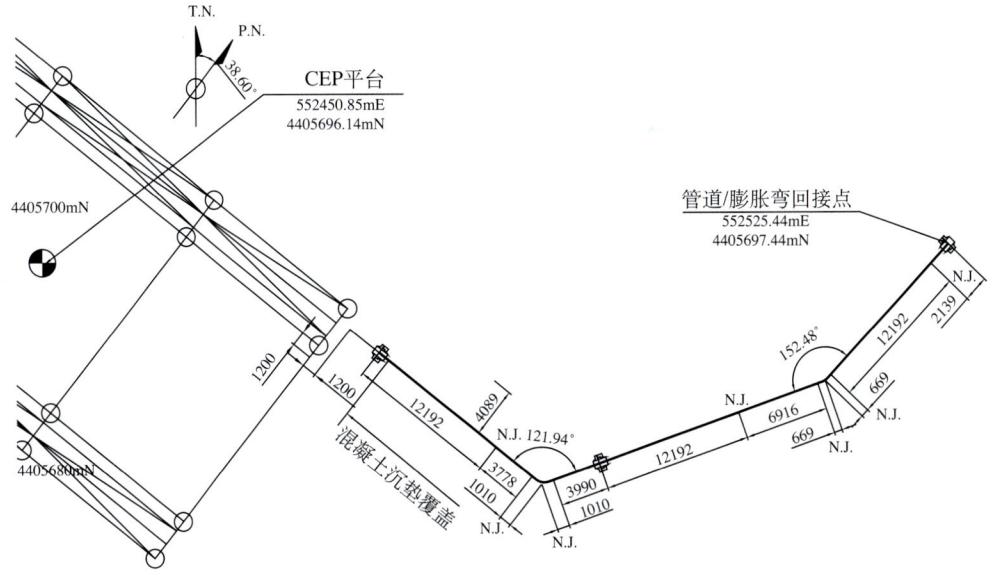

图 2.36　管道末端膨胀弯结构图

Figure 2.36　A tie-in spool structure

表 2.8　各子结构单元端部的轴向位移

Table 2.8　Port axial displacements of sub-structure elements

子结构单元编号	子结构单元轴向位移，m
100001	2.75×10^{-8}
100002	4.98×10^{-8}
100003	2.03×10^{-7}
100004	1.07×10^{-6}
100005	4.62×10^{-6}
100006	2.78×10^{-5}
100007	9.58×10^{-5}
100008	1.60×10^{-2}
100009	4.34×10^{-2}
100010	8.29×10^{-2}
100011	1.34×10^{-1}
100012	1.98×10^{-1}
100013	2.74×10^{-1}
100014	3.60×10^{-1}

在子结构的应用层,可以调用定义层运算得到的子结构刚度矩阵函数,回算出子结构单元被"凝聚"掉的自由度的位移值。例如可以根据第 10 号子结构单元保留节点的位移,调用该子结构单元相对应的刚度矩阵,回算出该双钢管道段"凝聚"前全部节点的位移。图 2.37 给出了位于锚固段的第 5 号子结构单元的 Mises 应力分布;图 2.38 给出了位于滑移段的第 10 号子结构单元的 Mises 应力分布。

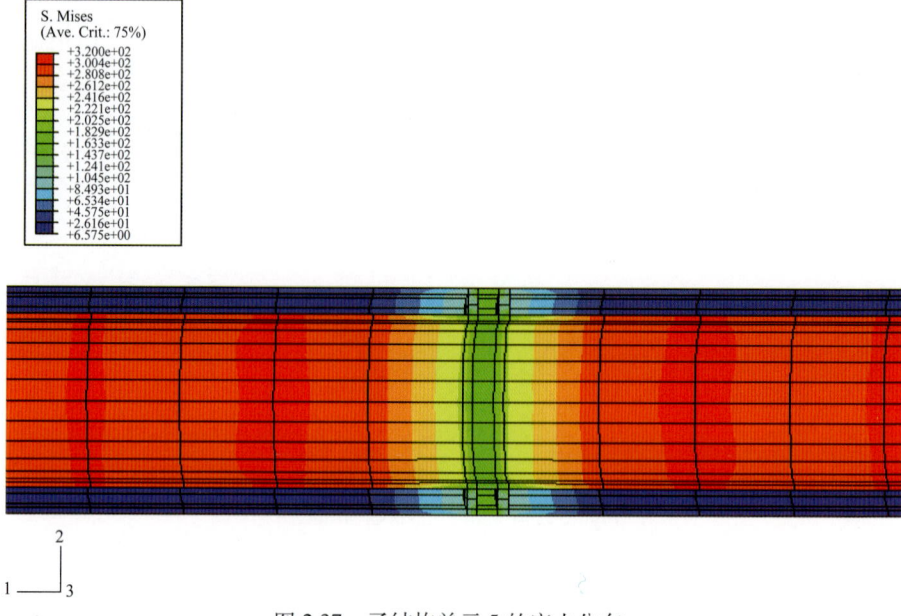

图 2.37　子结构单元 5 的应力分布

Figure 2.37　Mises stresses of the fifth sub-structure element

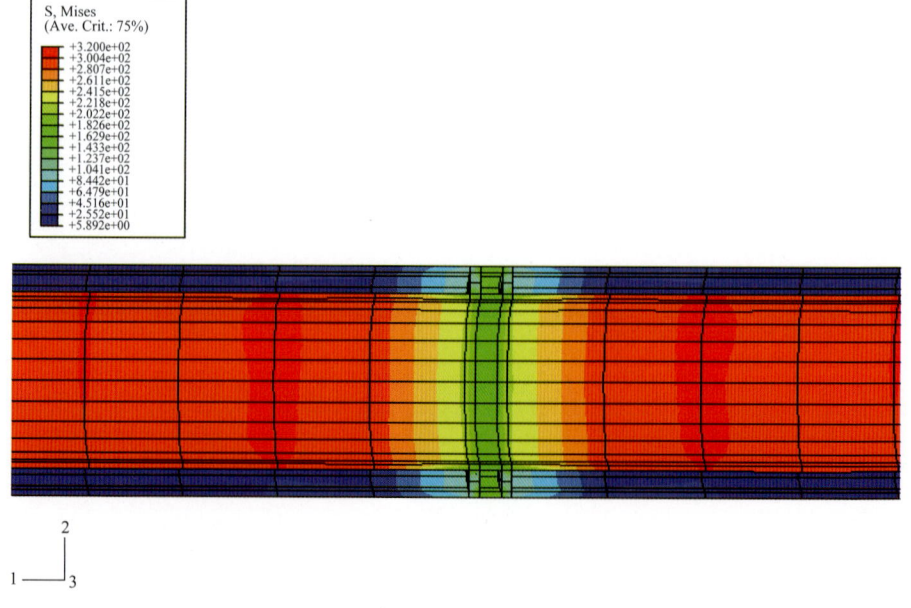

图 2.38　子结构单元 10 的应力分布

Figure 2.38　Mises stresses of the tenth sub-structure element

本章小节

（1）利用 LOVE 位移函数求解位移势函数表示的管道轴对称平衡微分方程，获得功能荷载引发的钢管层应力，再积分得到计算钢管层轴向变形量的解析表达式。功能荷载引起的轴向变形量与 Bulkhead 剪力、海床摩擦力及膨胀弯变形引发的管道轴向变形量建立起平衡方程后，即可迭代算出各 Bulkhead 承担的剪力，实现双钢保温管道各管段轴向力的精确计算。

（2）单钢保温管道诸管层在管道路由的启动摩擦段将承担更大的剪力，因此现场接头的剪切校核需要考虑管道外启动（静）摩擦的影响。

（3）针对受计算机软硬件资源限制海底管道校核不得不截取管道段建模分析的弊端，本章提出了用子结构单元建模分析双钢管道温度应力的方法，在双钢管道有限元分析中首次实现了管道与末端膨胀弯的一体模拟，具有实际应用价值。

参考文献

[1] Curson N. Designing high temperature high pressure pipelines (HPHT). Subsea pipeline technologies for deepwater, Houston, Texas. 1997: 1-19.

[2] Curson N. Design and installation of subsea pipelines for HP/HT fluid transportation. HP/HT field development technology, Aberdeen, 1995: 1-19.

[3] Dixon M. Analysis methods for pipe-in-pipe systems. Offshore pipelines 1996 conference, three-day seminar arranged by IIR limited, London, 1996: 1-15.

[4] Tam C K W, Rivett S M, Young R C. Pipeline design for HP/HT field developments. Progress in HP/HT fields conference, Aberdeen, 1998: 1-34.

[5] Inglis B, Morrison A. Analysing pipe-in-pipe solutions for HP/HT conditions. Offshore pipelines 1996 conference, three-day seminar arranged by IIR limited, London, 1996: 1-32.

[6] Judd S R. Pipe-in-pipe systems-the installation contractors experience. Offshore pipelines 1996 conference, three-day seminar arranged by IIR limited, London, 1996: 1-18.

[7] McKinnon C. Case-studies of HP/HT for pipeline detail design. Three-day seminar arranged by IIR limited, London, 1996: 1-18.

[8] Sriskandarajah T, Ragupathy P, Anurudran G. Challenges in the design of HP/HT pipelines.23rd annual offshore pipeline technology conference (OPT 2000), Oslo, Norway, 2000: 1-33.

[9] Sahota B S, Ragupathy P, Wilkins R. Critical aspects of shell ETAP HP/HT pipe-in-pipe pipeline design and construction. Proceedings of the ninth (1999) international offshore and polar engineering conference, Brest,France, 1999: 64-73.

[10] Popineau D, Guyonnet P, Le Marchand D. Dunbar double wall insulated pipeline. Advances in subsea pipeline engineering and technology, ASPECT'94, Aberdeen,1994.

[11] Suman J C, Karpathy S A. Design method addresses subsea pipeline thermal stresses. Oil and Gas Journal, 1993, 91(35): 85-89.

[12] Harrison G E, Kershenbaum N Y, Choi HS. Expansion analysis of subsea pipe-in-pipe flowline. Proceedings of the seventh (1997) international offshore and polar engineering conference, Honolulu, USA, 1997: 293-298.

[13] Guijt W. Design considerations of high-temperature pipelines. Proceedings of the ninth international offshore and polar engineering conference, Brest, France, 1999: 683-689.

[14] Bokaian A. Thermal expansion of pipe-in-pipe systems. Marine Structures, 2004, 17: 475-500.

[15] David A S Bruton, David J White, Malcolm Carr, et al. Pipe-Soil Interaction during Lateral Buckling and Pipeline Walking-The SAFEBUCK JIP. Offshore Technology Conference, Houston, Texas, USA(OTC19589), 2008.

[16] Morris W W, Kaplan K B, Muhs S H. New technology in insulated offshore pipelines-design and installation. Offshore Technology Conference, Houston, Texas, USA (OTC 3476), 1979.

[17] Guidetti G P, Rigosi G L, Marzola R. The use of polypropylene in pipeline coatings. Progress in Organic Coatings, 1996, 27(1-4):79-85.

[18] Palle S, Ror L. Thermal insulation of flowlines with polyurethane foam. Offshore Technology Conference, Houston, Texas, USA (OTC8783), 1998.

[19] Reese L C, Casbarian A O P. Pipe soil interaction for a buried offshore pipeline. Fall Meeting of the Society of Petroleum Engineers of AIME, Houston, Texas, USA (SPE 2343), 1968.

[20] Wagner A D, Muff J D, Brennodden H, et al. Pipe-soil interaction model. Proceeding of the 19th Offshore Technology Conference, Houston, Texas, 1987.

[21] Dendani H, Jaeck C. Pipe-soil interaction in highly plastic clays. Proceedings of the 6th International Offshore Site Investigation and Geotechnics Conference: Confronting New Challenges and Sharing Knowledge, London, UK, 2007.

[22] Oliphant J, Maconochie A. The axial resistance of buried and unburied pipelines. Proceedings of the 6th International Offshore Site Investigation and Geotechnics Conference: Confronting New Challenges and Sharing Knowledge, London, UK, 2007.

[23] Rong H, Inglis R, Bell G, et al. Evaluation and Mitigation of axial walking with a focus on deep water flowlines. Offshore Technology Conference, Houston, Texas, USA (OTC19862), 2009.

[24] David A S, David J W, Malcolm C, et al. Pipe-soil interaction during lateral buckling and pipeline walking—the SAFEBUCK JIP. Offshore Technology Conference, Houston, Texas, USA (OTC 19589), 2008.

[25] Carr M, Sinclair F, Bruton D.Pipeline walking—Understanding the field layout challenges, and analytical solutions developed for the SAFEBUCK JIP. SPE Projects, Facilities & Construction, 2008, 3(3): 1-9.

[26] Westgate Z J, White D J, Randolph M F, et al. Pipeline laying and embedment in soft

fine-grained soils: Field observations and numerical simulations. Offshore Technology Conference, Houston, Texas, USA (OTC20407), 2010.

[27] 施红伟, 闫澍旺. 海底管道的沉降量计算. 中国海上油气（工程）, 2013, 15(2): 1-5.

[28] Verley R, Lund K M. A soil resistance model for pipelines placed on clay soils. Proceedings of the 14th International Conference on Offshore Mechanics and Arctic Engineering, Copenhagen, Denmark, 1995, 5: 225-232.

[29] 曹静, 王章领, 闫澎旺, 冯现洪. 海底单重保温管道层间轴向剪应力计算方法研究. 中国海上油气（工程）, 2005, 17(2): 128-131.

[30] Zhao Tianfeng, Duan Menglan, Jia Xu, et al. In-service shear check of heated Cased Insulated Flowlines. Petroleum Science, 2012, 9(4): 527-531.

第三章　海底管道热屈曲的理论与分析方法

对输送高温介质的管道来说，热荷载是主要荷载，事实表明，无论是埋设管道还是非埋设管道，都可能因高温而引发热屈曲。热荷载作用下轴向力引发的屈曲响应实际上是管道离开初始位置发生了大挠度的几何变形，整个过程类似于梁在轴向荷载达到临界值时发生的欧拉屈曲。根据发生的方向不同，管道热屈曲被分为垂向屈曲（Upheaval buckling）和侧向屈曲（Lateral buckling）。

海底管道从整体上来看相当于梁结构，从局部上来看则为薄壳结构，所以当管道发生屈曲时，可能会同时引发屈服和塑性变形。早期的海底管道热屈曲理论是在小坡角假设条件下推导出的，仅限于对屈曲发生时刻管道临界轴向力的判断，其中得到普遍认可和广泛引用的是 Hobbs 于 1984 发表的关于单层海底管道热屈曲的解析公式。

第一节　海底管道热屈曲的经典理论

一、海底管道的有效轴向力

海底管道设计中一直沿用有效轴向力的概念，管道整体屈曲是否发生由有效轴向力控制，本节先对这个概念予以明确。这个概念适用于计算管道截面整体行为而不必分别考虑管壁上分布的内外压力的影响，因而在管道整体屈曲评价中尤其需要用到这个概念。海底管道规范 DNV-RP-F105 中悬跨管道（Free spanning pipelines）部分就采用了有效轴向力概念，用于计算轴向力与压力引起的几何刚度变化导致的悬跨管段自然频率改变。

有效轴向力不同于管道钢管层横截面应力的积分，是一个虚拟的力，其意义在于便于考虑内外压力对管道轴向力的影响，此时有效轴向力可以表示为[1]

$$P_0 = N - p_i A_i + p_e A_e \tag{3.1}$$

式中　N——管道某一截面的真实轴向力；

　　　P_0——该截面的有效轴向力；

　　　p_i——管道内压；

　　　p_e——管道外压；

　　　A_i——管道钢管层内径圆面积；

　　　A_e——管道钢管层外径圆面积。

真实轴向力与外压、内压组合成有效轴向力的过程如图 3.1 与图 3.2 所示。

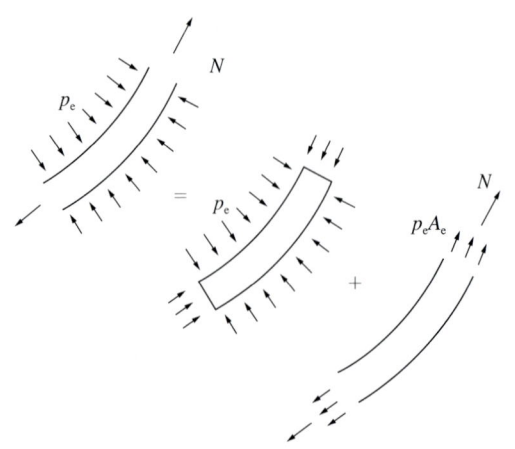

图 3.1　外压与真实轴向力组合为有效轴向力[1]

Figure 3.1　Equivalent physical systems-external pressure

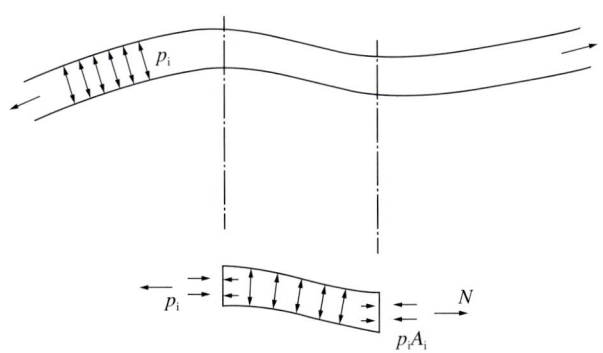

图 3.2　内压与真实轴向力组合为有效轴向力[1]

Figure 3.2　Equivalent physical systems-internal pressure

位于海床上承担输送荷载的海底管道，若在轴向上没有位移，或者管道路由中的锚固段，其真实轴力等于

$$N = H - p_e A_e + v A_s \frac{p_i D_i}{2t} - A_s \alpha \Delta T E \tag{3.2}$$

式中　H——管道安装之后承担输送荷载之前的有效轴向力；

　　　E——杨氏模量；

　　　v——泊松比；

　　　A_s——管道钢管层壁厚的横截面积；

　　　α——线弹性膨胀系数；

　　　ΔT——管道钢管壁温度的平均升高，一般选用设计输送温度与管道安装温度的差值。

将式 (3.2) 代入式 (3.1)，得到管道承担输送荷载之后的有效轴向力为

$$\begin{aligned} P_0 &= H - p_i A_i + v A_s \frac{p_i D_i}{2t} - A_s \alpha \Delta T E \\ &\approx H - p_i A_i [1 - 2v] - A_s \alpha \Delta T E \end{aligned} \tag{3.3}$$

如果没有特殊说明，本书各章节计算所得的临界轴向力需要用管道的有效轴向力与之比较，方能判断管道的轴向稳定性。另外，对管道局部屈曲而言，引入有效轴向力概念后，相应设计准则能够得到大幅度简化，当然这在本书研究范围之外。

二、垂向热屈曲理论

Hobbs 建立了如图 3.3 所示的海底管道垂向屈曲模型，通过对屈曲管段的分析，在小坡角变形假设条件下得到的管道屈曲微分方程如式 (3.4)。分析中，管道被视为受均布荷载的梁，荷载的大小等于管道的自身重量，同时假设在屈曲顶点管道的弯矩为零。

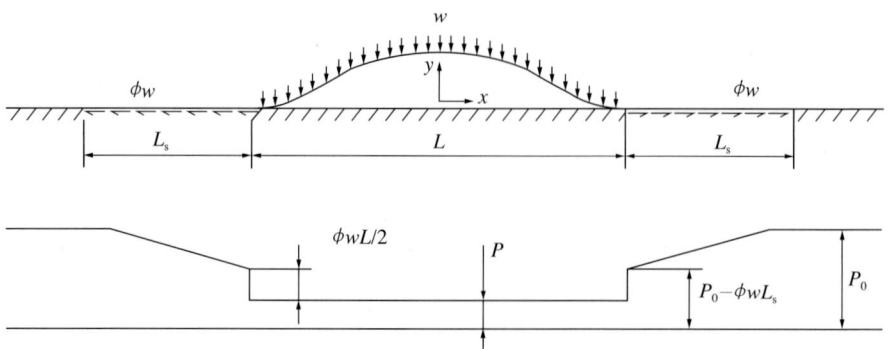

图 3.3 海底管道垂向屈曲模型

Figure 3.3　Details of vertical buckle

$$\ddot{y} + n^2 y + \frac{m}{8}(4x^2 - L^2) = 0 \tag{3.4}$$

方程中 $\ddot{y}$ 表示屈曲偏离位移 y 对横向坐标 x 的二阶导数，其中单位长度管道自重设为 w，管道截面惯性矩为 I，令 $m=w/EI$，$n^2=P/EI$，管道屈曲长度为 L，方程(3.4)有如下解：

$$y = \frac{m}{n^4}\left(-\frac{\cos nx}{\cos\frac{nL}{2}} - \frac{n^2 x^2}{2} + \frac{n^2 L^2}{8} + 1\right) \tag{3.5}$$

其中未知的屈曲长度 L 可以通过屈曲端部的挠度为零条件获得，由此推出：

$$\tan\frac{nL}{2} = \frac{nL}{2} \tag{3.6}$$

求解出管道的最小屈曲长度为

$$nL = 8.9868 \tag{3.7}$$

比较屈曲段内管道轴向力 P 与未发生屈曲管道段的轴向力 P_0，很明显 P 小于 P_0，轴向力在管道变形过程中得到了释放。轴向力的释放可以通过如下方程计算：

$$P_0 - P = \frac{AE}{L}\int_{-L/2}^{L/2} \frac{1}{2}\dot{y}^2 \mathrm{d}x \tag{3.8}$$

对上述方程及边界条件进行联合求解可以得到

$$P = 80.76\frac{EI}{L^2} \tag{3.9}$$

$$P_0 = P + \frac{wL}{EI}\sqrt{1.597\times 10^{-5} EA\phi wL^5 - 0.25(\phi EI)^2} \tag{3.10}$$

上式中 ϕ 为管道与海床间的轴向摩擦系数，可以求出管道垂向屈曲的最大隆起高度为

$$\hat{y} = 2.408\times 10^{-3}\frac{wL^4}{EI} \tag{3.11}$$

以文昌 8–3A 至文昌 14–3A 单层海底管道作为算例,应用 Hobbs 公式预测可能的垂向屈曲。该管道的基本设计数据见表 3.1,垂向热屈曲的计算结果见表 3.2。

表 3.2 表明随着海床摩擦系数的增大,管道的临界屈曲载荷升高,屈曲波长变短,最大屈曲幅度降低,这是因为随着海床摩擦力的增大屈曲段两侧的管道更难以向屈曲段内加入。图 3.4 给出了该管道垂向屈曲波长、最大屈曲幅度与热荷载的关系曲线,同时给出了无穷大海床摩擦系数假设下的对比曲线。该假设条件下屈曲段两端的管道无法加入到屈曲段内,管道热屈曲的幅度与波长都显著变小,此时的临界载荷为该管道发生垂向屈曲的临界载荷值的上限。

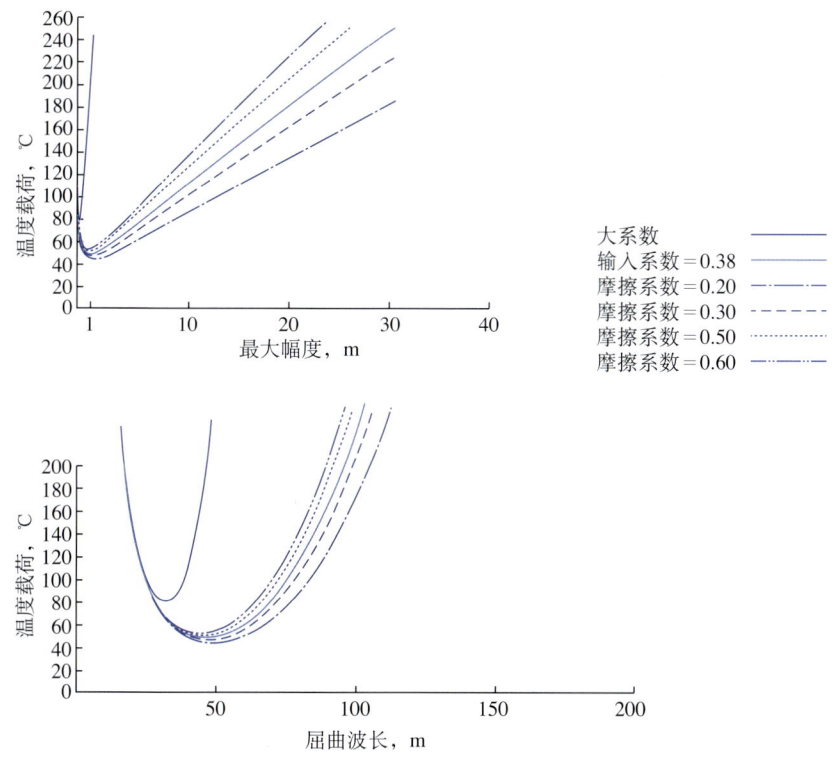

图 3.4 文昌 8–3A 至文昌 14–3A 管道的垂向屈曲预测

Figure 3.4 Upheaval buckling results of WC8–3A to 14–3A pipeline

表 3.1 文昌 8–3A 至文昌 14–3A 管道基本设计数据
Table 3.1 Design data of WC8–3A to 14–3A pipeline

管道位置	管道长度 km	输送介质	介质密度 kg/m³	设计寿命 年	管道材质
文昌 8–3A 至文昌 14–3A	18	油、气、水混合物	300～720	15	API 5L X65
管道外径 mm	管道壁厚 mm	腐蚀容限 mm	沉没重量 N/m	设计压力 MPa	设计温度 ℃
273.1	11.1	3.9	1709	4.4	92

表 3.2　文昌 8–3A 至文昌 14–3A 管道垂向屈曲分析结果
Table 3.2　Upheaval buckling results of WC8–3A to 14–3A pipeline

屈曲波长，m	50.36	48.36	46.36	45.36
临界屈曲轴力，MN	0.824	0.887	0.973	1.005
临界屈曲温度，℃	37.2	40.06	43.96	45.42
最大屈曲幅度，m	1.62	1.38	1.17	1.07
最大屈曲弯矩，MN·m	0.301	0.277	0.255	0.244
最大弯曲挠度	0.116	0.103	9.07×10^{-2}	8.49×10^{-2}
海床摩擦系数	0.20	0.30	0.50	0.60

三、侧向热屈曲理论

小尺度模型实验观察到的管道侧向屈曲模态类似于一侧衰减振幅的正弦曲线，如图 3.5 所示。从平衡关系得出，类似模态的建立需要大小为 $\phi wL/2$ 的侧向荷载，但是这样的集中荷载不可能是由管道与海床之间的摩擦力提供的，因此，不妨做出如下假设：实验得到的管道屈曲模态是受管道初始不直度影响的结果，是相对于理想管道基本屈曲模态的衰减模态。可以将理想管道的屈曲模态假设为某个完整波形的无穷延伸，记作 MODE∞。

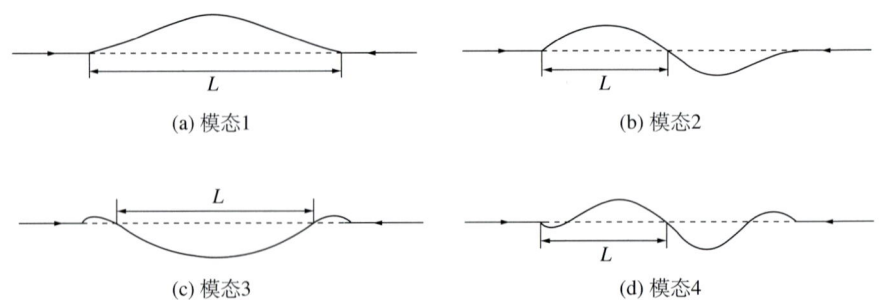

(a) 模态1　　(b) 模态2

(c) 模态3　　(d) 模态4

图 3.5　侧向屈曲模态的形态及屈曲波长的定义
Figure 3.5　Typical lateral buckling modes and definitions of buckle lengths

对侧向屈曲来说，微分方程的形式没有改变，仍然为式 (3.4)，但需要定义方程中的系数 $m = \phi w/EI$，并进一步假设管道屈曲段的各个位置都受到侧向摩擦力的作用。将 $x=\pm L/2$ 位置处的零挠度条件换成剪力条件后，通过对剪力方向的细致考虑，Hobbs 得到了如下计算管道屈曲波长的公式：

$$\tan \frac{nL}{2} = 0 \tag{3.12}$$

其有效根可以表示为

$$nL = 2\pi \tag{3.13}$$

侧向屈曲引起的管道轴向力降可以表示为

$$P_0 - P = \frac{AE}{L} \int_{-L/2}^{L/2} \frac{1}{2} \dot{y}^2 dx \tag{3.14}$$

即屈曲段内管道轴向力下降等于管道轴向刚度与热荷载作用下管道伸长量的乘积。在此基础上 Hobbs 推出了 MODE∞ 的轴向力计算公式：

$$P = 4\pi^2 \frac{EI}{L^2} \tag{3.15}$$

$$P_0 = P + 4.7050 \times 10^{-5} AE \left(\frac{\phi w}{EI}\right)^2 L^6 \tag{3.16}$$

MODE∞ 下管道侧向屈曲的最大位移为

$$\hat{y} = 4.4495 \times 10^{-3} \frac{\phi w}{EI} L^4 \tag{3.17}$$

Hobbs 进一步给出了单层海底管道侧向屈曲前四阶模态的轴向力计算公式。表 3.3 给出了文昌 8-3A 至文昌 14-3A 单层海底管道的侧向屈曲分析结果，其中包括管道前四阶屈曲模态的临界屈曲轴力（温度）、屈曲波长、最大屈曲幅值和弯矩。对比该管道无穷模态的计算结果表明，具有不直度管道发生侧向屈曲的临界载荷低于理想管道，其屈曲波长更长，屈曲幅值和弯矩更大，破坏性更强。图 3.6 给出了该管道以前四阶模态和无穷模态侧向屈曲的最大屈曲幅值、屈曲波长同热荷载关系曲线。

表 3.3 文昌 8-3A 至文昌 14-3A 管道侧向屈曲分析结果（摩擦系数选为 0.5）
Table 3.3 Lateral buckling results of WC8-3A to 14-3A pipeline

侧向屈曲模态	1	2	3	4	∞
临界屈曲轴力，MN	0.735	0.711	0.699	0.698	0.886
临界屈曲温度，℃	33.2	32.1	31.6	31.6	40.0
屈曲波长，m	52.43	37.43	34.43	31.43	31.08
最大屈曲幅值，m	0.960	0.571	0.762	0.537	0.218
最大屈曲弯矩，MN·m	0.16	0.13	0.15	0.13	0.04

文昌 8-3A 至文昌 14-3A 管道的计算表明，单层管道侧向屈曲的临界载荷一般低于垂向屈曲的临界载荷，这主要是因为发生垂向屈曲管道需要克服自身的重量。一般情况下，铺设在平整海床的管道，热荷载作用下发生侧向屈曲的风险更大一些，但是在某些情况下，例如管道所在位置的海床不平整（相当于管道具有了垂向的初始挠度），或者埋设管道由于海流冲刷而导致上覆海土减薄，那么在这些位置管道发生垂向热屈曲的临界载荷将显著降低，并且会低于侧向屈曲的临界载荷。此时，热荷载作用下，管道将率先发生垂向屈曲并离开海床，之后随着侧向约束的消失，垂向屈曲的管道很有可能再次发生侧向屈曲并呈现显著的动力效应。

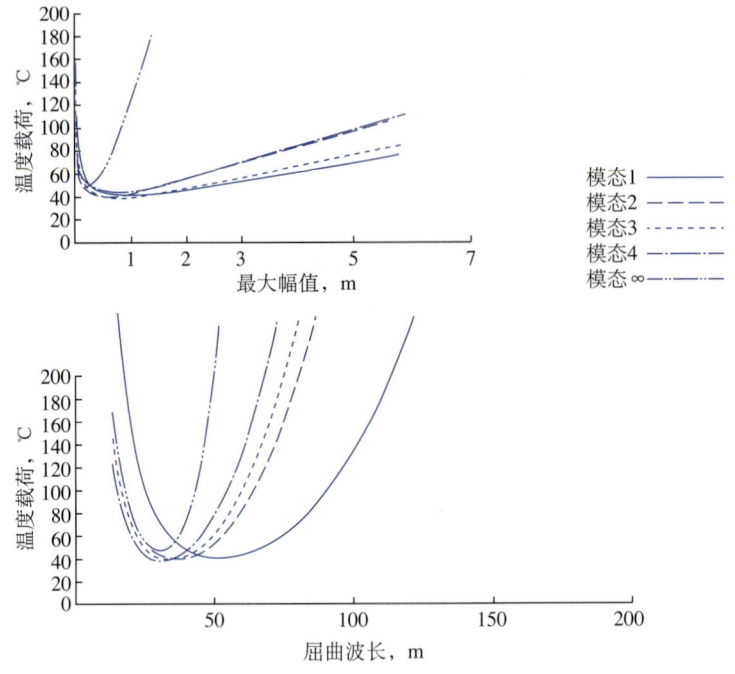

图 3.6 文昌 8-3A 至文昌 14-3A 管道的侧向屈曲预测

Figure 3.6 Lateral buckling results of WC8-3A to 14-3A pipeline

四、经典屈曲理论的价值与局限

Hobbs 的研究，尤其是对海底管道前四阶侧向屈曲模态的研究具有极高的工程价值，为揭示管道屈曲原因，探索管道屈曲规律，提出高温输送解决方案奠定了基础。在小坡角假设下，Hobbs 公式是通过求解屈曲段管道平衡方程获得的，其公式清晰地表述了屈曲段内管道轴向力的下降，阐释了管道热屈曲过程实际上是管道轴向力释放过程。

尽管 Hobbs 公式比较完整地描述了单层海底管道的热屈曲现象，并得到了认可和引用，但是其方程是建立在屈曲段管道小坡角变形假设基础上的，该公式难以准确地计算管道的后屈曲形变。从工程应用的实际效果来看，若用来检验管道在设计温度下的屈曲程度并判断可能出现的屈服，选择 Hobbs 公式是不适用的。

另外若应用于高温输送解决方案的设计计算，Hobbs 公式的最大局限在于无法考虑管道的初始不直度形态，而管道的初始构形对其屈曲的发生和后屈曲结果有着很大的影响，甚至可能决定高温解决方案能否顺利实施。

鉴于上述原因，本书基于有限元算法中的特征值屈曲分析和几何非线性大变形分析提出了新的高温海底管道热屈曲分析方法，以弥补经典理论的不足。

第二节 热屈曲分析的广义算法

广义上，对于弹性屈曲问题，通常先建立相应的特征值问题，并求解临界屈曲载荷值，再通过引入适当的扰动（如几何或材料的初始缺陷，或者外部载荷扰动），求解结构在加载过程中的位移响应历程，然后通过载荷—变形曲线识别其屈曲点。

一个理想的海底管道的有限元模型，其结构是轴对称的，所以理论上任何形式的加载都不会获得非轴对称的变形结果。为了分析出真实结构的非对称屈曲，就需要在上述理想结构的有限元模型中引入管道的不直度。管道的不直度一般可以采用两种方法引入，一是直接模拟管道的不直度，二是对理想网格进行扰动。所谓扰动，是指在施加载荷分析之前，将有限元模型单元节点预先定义在结构发生某种变形后的位置上，该过程并不是分析过程，相当于直接建立了具有该种变形的有限元模型，所以扰动过程不是位移载荷的施加，不会在模型内部引发内力。

利用有限元对梁结构进行屈曲分析，整个计算过程一般分为两步完成，首先需要对结构进行线性屈曲分析，即特征值屈曲分析，获得结构的若干阶屈曲模态和相应的屈曲载荷，其中最小的屈曲载荷（对应于第一阶屈曲模态）可以看作为结构实际临界屈曲载荷的近似值。为精确分析结构在该载荷下的屈曲特性，需要由特征值屈曲分析得到的屈曲模态来构造结构的不完整性（管道的不直度），然后进行第二步几何大变形失稳分析。本章选择改进的 Riks 算法实现这个分析过程，Riks 算法在分析中将按照自动获取的计算步长逐步施加载荷，最终获得结构屈曲变形的平衡路径。

一、屈曲模态的线性扰动分析

应用有限元线性扰动算法可对双层海底管道模型进行屈曲模态提取与屈曲特征值计算，该算法一般利用线性扰动程序计算刚性结构分叉失稳的临界载荷，分析中程序力图寻找使模型刚度矩阵行列式等于零的载荷值，即求解矩阵方程（3.18）的有效解：

$$\boldsymbol{K}^{MN}v^{M}=0 \qquad (3.18)$$

式中　$\boldsymbol{K}^{MN}$——载荷条件下的对角刚度矩阵；

　　　v^{M}——有效位移解。

所施加的载荷条件可以是压强、集中力、非零位移或热荷载。

屈曲特征值分析一般被用来估计刚性结构的临界屈曲载荷，在发生屈曲之前，刚性结构在载荷作用下一般发生小变形响应，例如轴向受力的欧拉梁，在载荷到达临界值之前，具有很大的刚度，仅发生极微小的变形，但当载荷到达临界值后，结构的平衡成为了不稳定平衡，微小的扰动就可以使其迅速弯曲而丧失刚度。即使当结构在失稳之前的对载荷具有非线性响应，屈曲特征值分析仍能够提供有用的失稳形态。

在屈曲特征值分析中，首先定义了一个加载模式 $\boldsymbol{Q}^{N}$，依据此模式载荷不断增加，而且载荷的大小由载荷乘数特征值 λ_i 来度量，对如下方程组进行计算：

$$\left(\boldsymbol{K}_0^{NM} + \lambda_i \boldsymbol{K}_\Delta^{NM}\right)v_i^M = 0 \qquad (3.19)$$

式中　$\boldsymbol{K}_0^{NM}$——结构基本状态的刚度矩阵，其中可以包括预载荷 $\boldsymbol{P}^N$ 的影响；

　　　$\boldsymbol{K}_\Delta^{NM}$——微分预应力与扰动增量载荷 $\boldsymbol{Q}^N$ 对应的载荷刚度矩阵；

λ_i——特征值；

v_i^M——特征向量表示的屈曲模态形状；

M，N——整个模型的自由度数目；

i——第 i 阶屈曲模态。

结构的临界屈曲载荷可以表示为：$P^N+\lambda_i Q^N$，一般关心第 i 阶屈曲模态下的 λ_i 的最小值，预载荷 P^N 与扰动增量载荷 Q^N 可以是不同的载荷，例如当 P^N 是温度变化引起的热载荷时，Q^N 可以是压力引发的载荷。屈曲模态形状 v_i^M 是归一化的向量，并不代表临界载荷下管道结构的实际变形大小，在该向量中最大位移分量被定义为 1，如果向量中所有的位移分量是零，则定义最大旋转分量为 1。屈曲模态形状是特征值分析计算所提供的最有意义的信息，因为屈曲模态形状向量预测了结构的可能失稳模式，该方法的详细分析过程见附录 A：特征值屈曲预测。

线性扰动分析得出的临界屈曲载荷还不足以刻画双钢管道的热屈曲特性，这是因为管道的实际屈曲过程为具有上述诸模态特性的管道在具体荷载下的变形过程，而该过程的模拟一般需要考虑结构大变形的几何非线性特性。

对双钢管道进行线性模态分析的最主要目的在于：获得温度荷载下管道系统的固有屈曲形态，在接下来的非线性加载分析中用以对理想的有限元网格进行扰动，模拟管道系统始终存在的结构不完整性。这种模拟方法在结构非线性屈曲过程模拟中得到了普遍应用，是基于如下事实提出的：应用理想的有限元网格模拟实际的管道结构，即使轴向加载到极大的载荷，由于网格的对称性也不会得到非对称的屈曲变形，而通过网格扰动构造的非理想网格就能够模拟结构的非对称屈曲。同时利用结构的固有屈曲模态对其理想网格进行扰动将获得保守的屈曲过程分析结果。

建模时需要根据管道的实际不完整形态，为管道各阶固有屈曲模态引入相应的不直度系数因子，并利用归一化的屈曲模态向量与不直度系数因子的线性组合对理想的管道网格进行扰动从而获得具有管道初始不完整形态的分析网格。

二、非线性条件下的结构失稳分析

在增量加载分析中，有按载荷控制的加载方式和按位移控制的加载方式，这两种加载方式有时是不能相互替代的，对于结构承载稳定性分析来说，由于失稳载荷是未知的，采用载荷控制的加载方式时，由于失稳前后系统的非线性很强，按照事先定义的载荷增量步长加载，一旦所施加的载荷大于结构的极限承载载荷，就会出现刚度矩阵奇异，导致求解失败，只有采用足够小的载荷增量逼近失稳载荷，才能获取近似的失稳载荷，因此采用位移控制的加载方式更为有效，区别于常规的载荷增量法，该加载方式通常被称为弧长法（Arclength method）。

弧长法是增量非线性有限元分析中，沿着平衡路径迭代位移增量的大小（即弧长）和方向确定载荷增量的自动加载方案。与常规特征值提取法相比，弧长法分析屈曲问题不仅考虑刚度奇异的失稳点附件的平衡，而且通过追踪整个失稳过程中实际载荷、位移关系，获得结构失稳前后的全部状态信息。弧长法按照附加不同的位移约束方程，可以分为 Crisfield

方法、Riks/Ramm 方法、修正 Riks/Ramm 方法和 Crisfield/Riks–Ramm 方法等，其中改进的 Riks 方法[2]被证明为壳结构屈曲分析和梁结构屈曲分析的最有力工具。该方法的详细分析过程见附录 B：改进的 Riks 算法。

应用改进的 Riks 算法分析时，温度荷载通过"载荷比例因子"来增量施加，当屈曲发生时，"载荷比例因子—弧长"曲线出现拐点，不再单调变化。此时，分析得到的"载荷比例因子—弧长"曲线是管道屈曲过程中的一系列平衡点组成的，该曲线也是管道的屈曲路径，因此也可以利用曲线上平衡点对应的管道应力应变状态对管道的屈曲（或后屈曲）强度进行校核。不同结构的管道，或是相同结构而不直度不同的管道，其屈曲路径是存在差异的，较为明显的一点是，管道发生屈曲与局部出现屈服的先后顺序不尽相同：有的管道局部屈服发生在整体屈曲之前；有的管道则相反，整体屈曲发生后，大的变形带来了局部屈服；也有的管道屈曲路径表明屈曲和屈服将会同时发生。

屈曲发生后，管道的侧向位移将引起摩擦力的作用，研究表明该摩擦力并不是一个固定值，而是随着侧向位移的增加而变化的，管道屈曲所要克服的最初摩擦力在文献中被称作"Breakout Force"，可以翻译为临界摩擦力，也是管道离开原平衡位置需要克服的最大摩擦力，该摩擦力一般出现在管道屈曲发生的初始阶段，而且远大于管道后屈曲过程所克服的摩擦阻力，因此海底管道发生侧向屈曲所克服的摩擦力与其屈曲侧向位移是呈非线性关系的，Brennodden 通过有限元模拟给出了轴向和侧向两个方向的临界摩擦力公式[3]：

轴向土壤阻力（kN/m）：

$$F_{a,max} = 1.05 A_{c,calc} S_u \tag{3.20}$$

侧向土壤阻力（kN/m）：

$$F_{l,max} = 0.8(0.2 F_c + 1.47 S_u A_{c,calc}/D) \tag{3.21}$$

$$A_{c,calc} = 2RA\cos(1 - z/R)$$

式中　F_c——垂向接触力，kN/m；
　　　z——管道埋入深度，m；
　　　S_u——非排水抗剪强度，kN/m^2。

Brennodden 的文章给出了一条典型的管土摩擦曲线，如图 3.7 所示，该曲线的横坐标是管道的侧向位移量，纵坐标是管道单位长度上所受的海床摩擦力值。从该图可以看出临界摩擦载荷值是后期摩擦载荷值大小的 3 倍左右，摩擦力与管道的侧向位移呈明显的非线性关系。

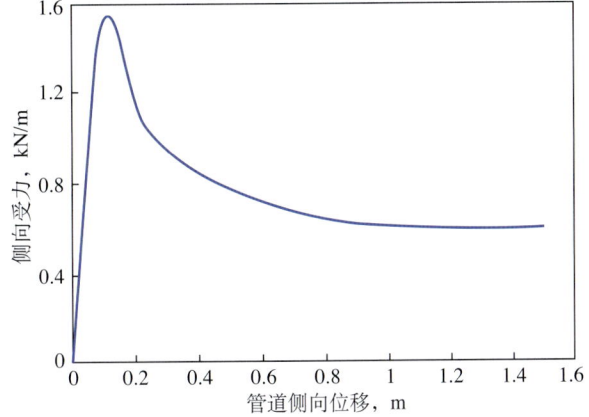

图 3.7　摩擦力与管道侧向位移关系曲线

Figure 3.7　Horizontal force vs. lateral displacement

第三节　高温管道热屈曲分析的有限元技术

经大量有限元验证分析以及若干高温管道项目的实践检验总结出以下 4 个方面的研究结论，并在此基础上提出了相对完善的高温海底管道的热屈曲分析方法。受到篇幅的限制，本节下述结论的计算验证不再赘述。

一、管道模拟长度选择

实践证明，若想获得收敛速度较快、计算结果稳定的管道热屈曲分析有限元解，需要应用壳单元来实现。该类壳单元应该是具有抗弯刚度的厚壳单元，一般适宜选择 S4R 单元或者更高阶单元。从单元变形协调角度考虑，壳单元沿管道轴向的长度与沿管道环向的宽度间的尺度比例应当控制在 10 倍以内，同时模拟管道圆周的节点数目则不应当小于 20，因此从建模角度讲，模拟单位长度管道所需要的单元数目是有底线的。在当前条件下，当管道长度超过 1km 时，若想完整地模拟出整条管道，就单元数目和计算量而言，凭借个人计算机是难以实现的。当具体分析某海底管道的热屈曲行为时，既不可能也没有必要针对整条管道的长度建模，因此有必要研究高温海底管道热屈曲分析所需要的有限元模型长度。

事实上高温海底管道的任何屈曲研究都不是从整条管道的最低阶屈曲模态开始的，设计者只关心波长在一定范围内的屈曲，这类屈曲的临界载荷与管道的设计载荷相接近，一旦发生将在管壁内引发显著的应力集中，因此是破坏性的。换句话说海底管道热屈曲校核的研究目标是设计载荷下管道所发生的最小波长屈曲（对侧向屈曲来说一般是前四阶模态的最小波长屈曲）。如果该波长对管道的柔度而言足够长，那么设计载荷下管道所发生的屈曲是安全的；如果该波长对管道的柔度而言过短，那么设计载荷下管道将发生破坏性屈曲。

从提高分析精度的角度来讲，尽管弧长法能够追寻结构的后屈曲历程，但仍然需要选择模拟长度将截取模型的临界载荷控制为小于且接近管道的设计载荷，而不是从最低阶模态开始逐阶向上分析。因此当所建管道模型的轴向承载力在多次屈曲模态跃迁后方能够达到管道的设计载荷时，我们认为该模型模拟的管道长度过长；当所建管道模型的临界屈曲载荷高于管道的设计载荷时，其后屈曲应力一般也超出管道的屈服强度，那么我们认为该模型模拟的管道长度过短。

以上分析表明，高温管道热屈曲校核的有限元建模需要具有一定的针对性，即具体考察多长波长下管道的屈曲行为（侧向屈曲校核还需要考察不同的模态），为此，类似 Hobbs 公式的诸解析公式就具有了重要的指导意义。本文提出的屈曲分析方法建议将 Hobbs 公式计算出的屈曲波长及屈曲段两侧滑移段长度之和作为有限元分析的管道模拟长度。

二、管道初始不直度模拟

上述建模方法尚没有涉及管道初始不直度的模拟。事实上由于海床的起伏以及铺设过程中铺管船的运动，铺就的海底管道总是具有各种形态的初始弯曲，这些弯曲一般用管道不直度参数来描述。管道的初始不直度对其抗屈曲能力有着很大的影响，随着初始不直度的增加，管道热屈曲的临界载荷显著下降，本章第五节将对此进行详细讨论。

忽略管道的初始不直度时，例如 Hobbs 公式，计算得到的管道临界屈曲载荷偏高，因此从屈曲校核角度来讲，有限元模型一定要包括相应的管道不直度。但是管道初始弯曲的形态是各异的，这在有限元建模过程中如何考虑呢？为此我们作出如下假设：在管道初始弯曲的诸多形态中，当初始弯曲的形态与管道屈曲的模态相接近时，管道的临界屈曲载荷最小，而在设计载荷下这样的管道段最容易因热屈曲而导致屈服失效。

基于上述假设，本书提出的屈曲分析方法认为，应用弧长法分析之前要对理想完整的管道模型网格进行扰动，扰动的形态可选择特征值屈曲分析得到的管道模态。这就要求对同一管道模型进行两次分析，第一次为特征值屈曲分析，这是一个线性计算过程，将得到管道模型的诸屈曲模态，而这些屈曲模态将被用于构造管道的初始挠度；第二次分析为包括几何非线性与边界条件非线性的弧长法加载分析，将得到较为保守的管道屈曲响应历程。

那么网格扰动的幅度如何定义呢？海底管道初始挠度的幅度与海床自然起伏、铺设精度控制以及铺设过程中管道的受力状态等因素密切相关，也是一个难以确定的值，为此，连同前文所述建模长度选择的影响，若想完整地展现高温海底管道的热屈曲特性一般需要多个分析模型的多次变参数分析才能够实现。

值得注意的是，分析过程的复杂并不意味着屈曲校核本身无定论。在海底管道可能发生的一系列屈曲中，长波长、小幅度的屈曲，对管道来说仅仅是一个轴向力释放的自然过程，该过程所引发的管壁内应力集中是可以接受的；而短波长、大幅度的剧烈屈曲一般发生在初始挠度相对较小的管道位置上，当管道结构、海床摩擦条件、管道即将承担的载荷等因素确定以后，这种破坏性屈曲能否发生，一次完整的热屈曲校核是能够给出确定性结论的。

三、模型的边界条件与载荷施加

鉴于热荷载引起的轴向力是高温管道发生屈曲的最主要诱因，有限元模型的端部边界应定义为固支，这与屈曲多发生在管道锚固段的事实相符合。

无论垂向屈曲还是侧向屈曲，管道与海床之间的摩擦力均为阻力，可以通过在有限元模型中添加非线性弹簧单元实现。该类弹簧单元一般具有两个节点，其中一个节点定义在模型的外壁面上，与模拟管壁的壳单元共用，另一个节点定义在默认的刚性地面上。屈曲过程中管壁单元节点的位移量与弹簧单元的变形量始终是一致的，因此可通过定义弹簧单元变形量与所触发弹簧力间的非线性关系，实现管道与海床间非线性摩擦力的模拟。

温度载荷以外的其他载荷，例如内外压载荷，对管道屈曲的影响很小，在弧长法分析中可以将其定义在载荷比例因子变量之外，或者仅在校核管道后屈曲应力时予以考虑。

综上所述，图 3.8 给出了海底管道热屈曲分析的整套技术路线[4]。

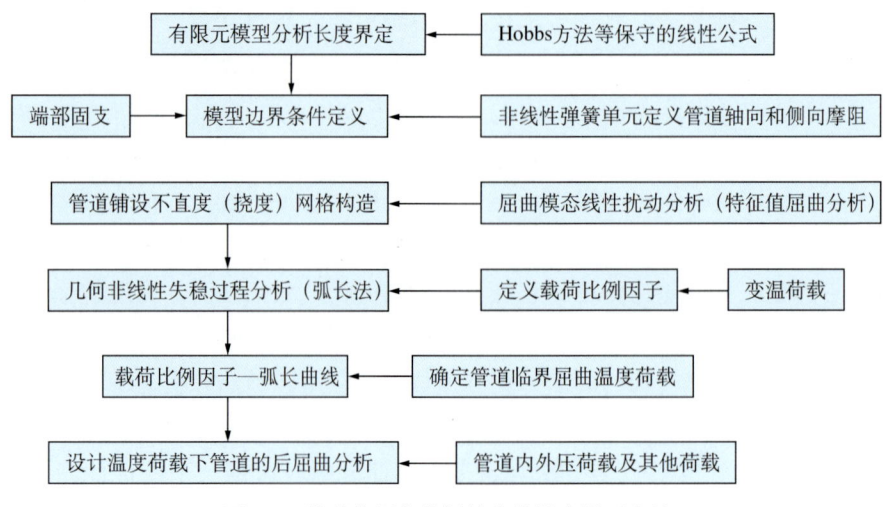

图 3.8 管道热屈曲分析的非线性有限元方法

Figure 3.8 A nonlinear FE method for analyzing pipeline buckling

第四节 热屈曲分析有限元方法的验证

一、热屈曲分析有限元方法的实验验证

1996 年 Neil Taylor 与 Vinh Tran 在谢菲尔德哈勒姆大学完成了海底管道垂向屈曲的实验研究,他们精确测量了一根低合金钢无缝不锈钢管在热载荷下的屈曲变形。该钢管长 6m,外径 9.53mm,壁厚 1.6mm,自重 3.41N/m,钢管材质的热膨胀系数为 1.1×10^{-7}℃$^{-1}$,两端固支,以循环热水加热。实验通过改变钢管中间支撑的高度,研究了不同初始挠度下管道临界屈曲载荷、屈曲幅值及屈曲波长的变化[5]。

Taylor 实验研究了小初始挠度下(2mm)钢管的垂向热屈曲过程,该过程模拟了海底管道在高温荷载下所发生的剧烈屈曲,因此可以用来验证诸屈曲理论分析结果的可靠与否。图 3.9 为温度荷载与实验钢管垂向屈曲幅值关系曲线,其中将 Taylor 实验的测量结果、Hobbs 公式对实验钢管的计算结果以及应用本章有限元方法的分析结果同时绘出,以期达到对比验证的目的。

从图 3.9 可见,上节提出的非线性有限元方法的分析结果与 Taylor 实验测量结果的吻合程度远高于 Hobbs 公式,尤其在后屈曲阶段,Hobbs 公式计算结果的偏差逐渐增大,而非线性有限元方法的分析结果与实验数据匹配得很好。这主要因为 Hobbs 公式是在小坡角假设前提下推导出来的线性公式,而热屈曲过程是几何非线性显著的变形过程,当实验钢管热屈曲幅值增加,屈曲段两侧坡角增大后,Hobbs 公式计算结果的偏差就比较大了,此时只有选用位移控制的加载分析(例如弧长法)才能比较准确地描述出钢管热屈曲的形变过程。

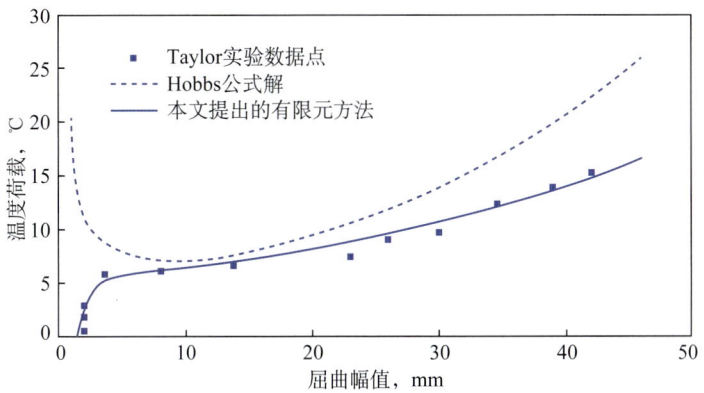

图 3.9 非线性有限元方法的对比验证

Figure 3.9 The validations of the nonlinear FE method proposed

在临界屈曲载荷判断方面，Hobbs 公式的计算结果为 6.58℃，本章所推有限元方法的分析结果为 5.16℃，而实验的测量结果为 5.84℃，由此可见，有限元的结果也优于 Hobbs 公式的判断。这是因为 Hobbs 公式源自屈曲段管道轴向力与其他载荷间的平衡关系，其曲线代表了一系列可能的屈曲平衡点，并没有包括管道的初始挠度参数，而实验钢管的热屈曲是在某一特定初始挠度下发生的，因此有限元分析显然能更准确地算出实验钢管的临界屈曲载荷。

二、特定初始挠度管道的热屈曲分析

实际上海底管道在铺设之前是无法预知其不直度的，因此有必要研究具有任意初始不直度管道的热屈曲评估技术，例如对蛇形铺设设计的评估，分析的结果将决定该高温解决方案能否采纳，这部分内容将在第六章细致讨论。

为检验上节提出的有限元分析方法的可行性，以图 3.10 所示管道段为例（结构数据见表 3.4），具体说明具有特定初始挠度管道的热屈曲分析[4]。

2006 年 Bruton 等人基于新的试验数据完善了侧向屈曲过程的管土作用模型，所提出的临界摩擦载荷可以表述为

$$\frac{H_{\text{breakout}}}{S_u \cdot D} = 0.2 \frac{F_v}{S_u \cdot D} + \frac{3}{\sqrt{\dfrac{S_u}{\gamma' D}}} \frac{z}{D} \tag{3.22}$$

式中 H_{breakout}——侧向屈曲发生时刻的海床侧向摩擦阻力，kN/m；

z——管道入泥深度，mm，可由 Verley 和 Lund 在 1995 年提出的计算公式计算；

D——管道外径，mm；

F_v——管道与海床之间的垂向接触力，kN/m；

S_u——表层海土不排水抗剪强度，kPa；

γ'——表层海土的有效容重，kN/m³。

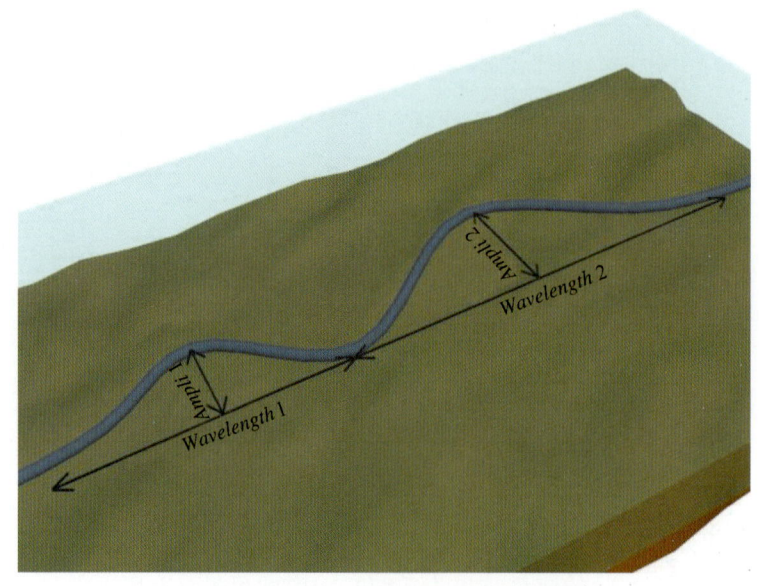

图 3.10 某条已知铺设不直度的海底管道

Figure 3.10 A possible imperfection in practice

表 3.4 具有所示铺设不直度的某海底管道的设计数据

Table 3.4 Design data of the submarine pipeline with a pipelay imperfection as Figure 3.10 shown

钢管层外径，mm	273.1	热膨胀系数，℃$^{-1}$	1.17×10^{-5}
钢管层壁厚，mm	11.1	管道沉没重量，N/m	1709
钢管层材质	API 5L X65 carbon steel	最小摩擦力	0.3 × 沉没重量
杨氏模量，MPa	207000	最大摩擦力	$H_{breakout}$
泊松比	0.3	管道铺设不直度	*Wavelength* 1=43.0m *Ampli* 1=3.0m
介质密度，kg/m³	720		*Wavelength* 2=57.0m *Ampli* 2=5.3m

对具有初始不直度的管道形态进行变换，可将图 3.10 所示管道段视为 4 个波长 100m 的 Hobbs 侧向屈曲构形的线性组合，即幅值为 2.0m 的一阶模态构形，幅值为 2.0m 的二阶模态构形，幅值为 2.0m 的三阶模态构形和幅值为 2.0m 的四阶模态构形。这些模态构形可以由特征值屈曲分析获得，经线性组合后利用网格扰动技术构建如图 3.10 所示管道的有限元模型。根据 Hobbs 理论，管道发生一阶模态屈曲时两侧的滑移管段最长，可就此选择屈曲段两侧的平管段模拟长度。算例中屈曲位置两侧滑移的平管段长度保守计算结果为 680m，因此分析管道发生在图 3.10 位置的侧向热屈曲总计需要模拟管道长度 1460m。

在接下来的几何大变形分析中，以 50℃温度增量定义载荷比例因子，选用修正的 Riks 算法（Modified Riks Algorithm）分析这段具有特定初始挠度管道在热荷载作用下的屈曲过程，并应用非线性弹簧单元模拟海床摩擦的约束作用，每个弹簧单元发挥的力被定义为所连接管道节点位移的非线性函数。

表 3.5 列出了分析得到的 3 个代表性的热屈曲阶段，在第一阶段，施加较小的热荷载后(4.6℃)，热屈曲率先发生在具有初始挠度的管道段，所引发的热屈曲变形是轻微的，管段内的屈曲应力也很小；随着热荷载持续增加到 43.3℃，进入第二阶段，该管道的直管段亦会发生侧向屈曲，当直管段侧向幅值达到 0.26m 时，屈曲应力为 144.3MPa；当热荷载增加到 99.1℃，图 3.10 所示管道段的后屈曲应力达到 329.6MPa，接近引发屈服，可视为第三个阶段。

上述算例可部分验证 JIP（the Joint Industry Project）项目的研究结论：低幅度，缓慢轻微的热屈曲海底管道是能够承担的，如果这些热屈曲的发生位置可控，甚至能够加以利用，作为释放管道轴向力的措施，避免在管道路由其他位置引发剧烈的破坏性屈曲。

表 3.5 算例管道 3 个代表性的热屈曲阶段
Table 3.5 Three typical buckling phases of the example pipeline

Riks 算法分析结果	阶段 1	阶段 2	阶段 3
弧长值	0.175	10.54	12.69
载荷比例因子值（热荷载 ΔT）	0.091399 (4.6℃)	0.866207 (43.3℃)	1.98281 (99.1℃)
弯曲应力 (Mises 应力)，MPa	15.2	144.3	329.6
侧向屈曲最大位移，m	7.39×10^{-3}	0.260	0.730
屈曲最大轴向位移，m	9.69×10^{-3}	0.116	0.312

注：阶段 1，图 3.10 所示管道发生热屈曲；阶段 2，该管道的直管段发生热屈曲；阶段 3，图 3.10 所示管道段的后屈曲引发屈服。

第五节 铺设不直度对管道热屈曲特性的影响

本节以文昌 8-3A 至文昌 14-3A 管道作为算例，分析说明铺设不直度对单层海底管道热屈曲特性的影响[6]。

应用四节点壳单元对 650m 管道长度进行建模，并对模型中部 100m 长的管道段进行网格扰动，从几何上引入铺设不直度，扰动形态为特征值屈曲分析得到的一阶屈曲模态，侧向扰动幅值被定义为 0.2～9.0m 的不同参数。利用非线性弹簧单元来模拟管道与海土之间的摩擦力，并假设在发生相对运动时，轴向与侧向摩擦系数都是 0.5。将 50℃的变温作为参考载荷定义载荷比例因子，应用改进的 Riks 算法进行管道热屈曲过程分析。图 3.11 给出了铺设不直度较小时 (0.2～1.0m)，改进的 Riks 方法分析得到的文昌管道热屈曲"载荷比例因子—弧长"曲线。

表 3.6 列出了对应的分析结果。从分析结果可以看出，当管道的初始不直度较小时，管道热屈曲的发生具有明显的突然性，屈曲后，管道的轴向承载能力迅速下降，同时引发显著的应力集中；当管道的不直度加大时，管道发生屈曲的过程变得平缓，屈曲引发的应力集中减弱，屈曲后管道轴向承载力下降较小。

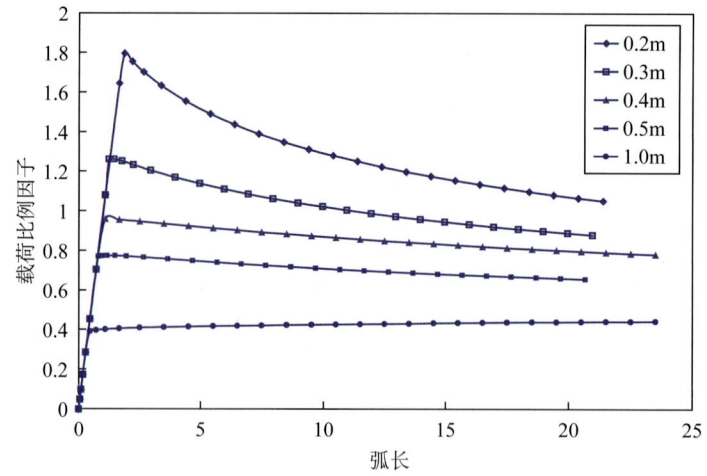

图 3.11 0.2～1.0m 初始挠度下,管道侧向屈曲的弧长—载荷比例因子曲线

Figure 3.11 LPF vs. arc length curves when 0.2m to 1.0m lay imperfections assumed

表 3.6 小初始挠度下侧向屈曲发生时的最大应力

Table 3.6 Maximum stresses in the buckles induced by small initial imperfections

初始挠度幅值 m	临界载荷比例因子	屈曲波长 m	最大 Mises 应力 MPa
0.2	1.797	26.8	336.9
0.3	1.263	30.8	236.8
0.4	0.960	32.8	180.1
0.5	0.775	34.0	145.5
1.0	0.403	73.6	75.62

图 3.12 给出了当铺设不直度较大时 (1.0～9.0m),分析得到的文昌管道热屈曲"载荷比例因子—弧长"曲线。表 3.7 列出了对应的分析结果。

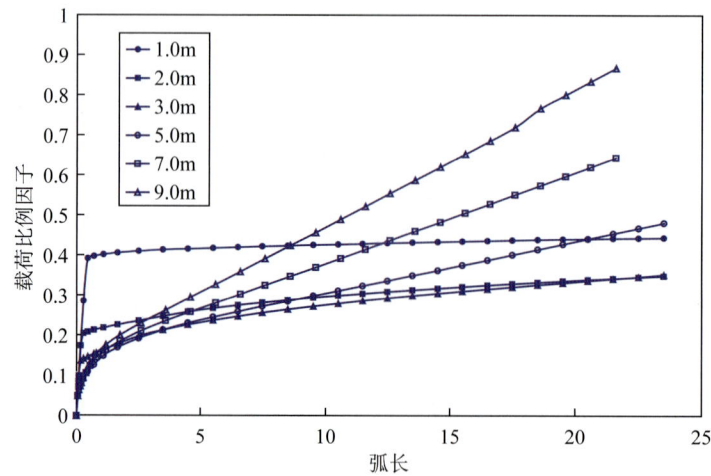

图 3.12 1.0～9.0m 初始挠度下,管道侧向屈曲的弧长—载荷比例因子曲线

Figure3.12 LPF vs. arc length curves when 1.0m to 9.0m lay imperfections assumed

表 3.7　大初始挠度下侧向屈曲发生时的最大应力
Table 3.7　Maximum stresses in the buckles induced by big initial imperfections

初始挠度幅值 m	临界载荷比例因子	屈曲波长 m	最大 Mises 应力 MPa
1.0	0.403	73.6	75.62
2.0	0.214	81.6	40.63
3.0	0.198	87.8	39.08
5.0	0.150	90.9	27.57
7.0	0.124	94.8	23.32
9.0	0.113	95.4	21.13

表 3.7 表明，当管道铺设不直度较大时，例如当最大侧向初始挠度达到 9.0m 时，管道热屈曲并不是剧烈过程，屈曲前后管道的轴向承载能力并没有明显下降，所引发的后屈曲应力集中亦不显著。正是这个原因，JIP 项目提出了利用大量长波长、低幅度屈曲释放管道轴向力的高温解决方案，例如管道的蛇形铺设或预热屈曲埋设技术，本书第六章将对此给予详细阐述。

综上所述，海底管道的铺设不直度对其热屈曲特性有着显著的影响。当管道铺设不直度加大时，管道的临界屈曲载荷变小，所发生屈曲的屈曲波长变大，引发的应力集中下降。严格地讲，高温管道的热屈曲校核不仅需要对管道临界屈曲载荷是否高于设计温度载荷进行判断，还需要分析大初始挠度位置处管道的后屈曲应力。只有当管道在小铺设挠度位置处的临界屈曲载荷高于设计温度载荷，在大铺设挠度位置处的后屈曲应力低于屈服强度的时候，管道的安全才是有保障的。

本章小节

（1）本章针对经典解析方法的缺陷，提出了新的高温海底管道热屈曲分析有限元法。该方法以特征值屈曲分析得到的管道屈曲模态作为初始构形扰动理想的有限元网格，构造海底管道的初始挠度，模拟其铺设不直度。选用修正的弧长法作为失稳过程分析的几何非线性工具，同时定义非线性弹簧单元模拟屈曲过程中管道与海床之间的作用力。

（2）在详细论述管道模拟长度、铺设不直度模拟方法、模型边界条件以及载荷施加方法的基础上，本章给出了完整的海底管道热屈曲分析技术路线框图。中海油西江、文昌和惠州的高温管道项目业已证明，所提出的方法能够完整地分析具有初始挠度海底管道在热载荷作用下的屈曲过程；能够精确地捕捉到海底管道侧向屈曲和垂向屈曲的临界屈曲载荷；同时也能够考察高温海底管道在非线性海床摩擦力作用下的后屈曲特性。

（3）为了验证方法的可靠性，应用该方法分析了 Taylor 屈曲实验中的管道模型。计算表明，新方法的分析结果与实验中的测量结果高度一致，分析结果几乎完整再现了实验管道模型的垂向屈曲过程，对后屈曲阶段新方法分析的准确性远高于 Hobbs 公式的计算结果。本章研究了铺设不直度对高温管道热屈曲特性的影响，认为高温管道的热屈曲校核应当包括铺设大挠度位置处的后屈曲应力校核。

参考文献

[1] Olav Fyrileiv, Leif Collberg. Influence of pressure in pipeline design-effective axial force. Proceedings of OMAE 2005, 24th International Conference on Offshore Mechanics and Arctic Engineering, 2005, Halkidiki, Greece, OMAE2005-67502, 2005.

[2] Riks E. An incremental approach to the solution of snapping and buckling problems. Int. J. Solids and Structures, 1979, 15: 529-551.

[3] Brennodden H. Troll phase I-Verification of expansion curve analysis and consolidation effects. SINTEF Geotechnical engineering, 1991.

[4] Zhao Tianfeng, Duan Menglan, Pan Xiaodong, et al. Lateral buckling of non-trenched high temperature pipelines with pipelay imperfections. Petroleum Science, 2010, 7(1): 123-131.

[5] Taylor N, Tran V. Experimental and theoretical studies in subsea pipeline buckling. Marine Structures, 1996, 9(2): 211-257.

[6] Zhao Tianfeng, Duan Menglan, Pan Xiaodong. Lateral Buckling Performances of Untrenched HT PIP Systems. Proceedings of International Conference on Offshore and Polar Engineering, Lisbon, 2007, 2: 945-950.

第四章　保温管道系统的侧向热屈曲

对于双钢管道系统来说，热荷载仍是决定屈曲应变程度的控制荷载，管道系统无论由环板组还是 Bulkhead 承担内外管间的剪力，内管受热膨胀后都会将轴向荷载传递向外管，所以整体上看来，内管受压，外管受拉。当输送温度达到某一临界值时，热荷载引起的轴向力可能导致内管发生屈曲，外管在拉力作用下则不会发生屈曲。如果 PIP 系统作为一个整体发生了侧向变形，那么内管弯曲是轴向压力引起的侧向失稳，外管弯曲则是内外管间弯矩传递造成的。

柔性连接双钢管道系统的锚固段，相临的环板组对其中间的管段一般有很大的轴向压力，当管道某处的初始挠度较大或侧向约束不足时（例如海流冲刷导致埋设管道裸露），双钢管道系统作为整体发生侧向屈曲是可能的。对于刚性连接双钢管道系统来说，因为 Bulkhead 的布置间距一般较远，相临 Bulkhead 之间的管道段整体上发生屈曲是不可能的，也是设计人员所不关心的，但是内管弯矩通过 Bulkhead 或内外管间接触力在两层管道之间传递是可能的，其结果导致刚性连接双钢管系统也可能作为一个整体发生侧向失稳。

第一节　双钢保温管道侧向屈曲的特点

双钢海底管道系统输送高温介质时，内管在热载荷作用下轴向膨胀，推动连接内外管的 Bulkhead 或环板组，在外管内引发拉应力导致外管趋向于轴向伸长，但管道两端的约束以及管道与海床之间的摩擦力都会阻止外管伸长，从而建立起轴向上的平衡。

整条海底管道根据外管轴向位移的大小仍可分为位于管道中部的锚固段和靠近终端的滑移段。鉴于热荷载引起的轴向力在管道滑移段内会得到一定程度的释放，所以对于双钢海底管道来说，侧向屈曲更容易发生在管道的锚固段，评估整条管道的侧向稳定性，有限元分析也多选择 1 段管道建模。

实际上热荷载引起的轴向力即不允许也很难通过管道的伸长得以释放，一般情况下海底管道两端的轴向位移是很小的。以绥中 36-1 双钢海底管道系统为例，分析结果表明，在设计温度荷载下，60km 长海底管道的轴向总伸长仅为 209mm，若对总共近 5000 个焊接单根进行平均，12.192m 长焊接单根的伸长量还不到 0.05mm，这对轴向力的释放作用显然很小。因此热荷载引发的轴向力始终是高温管道的主要内力，也是管道发生各种形态屈曲的最主要原因，而内外压荷载对管道热稳定性的影响一般远不如热荷载显著，从双钢管道屈曲评估的实际效果来看，完全可以忽略内管承担的输送压力荷载和外管承担的外部环境荷载所引起的轴向力而单独考虑热荷载引起的轴向力。从屈曲的发生过程来看，当轴向荷载累积到一定程度，类似于欧拉梁在临界载荷作用下建立起不稳定平衡受到扰动后引发的分叉失稳，海底管道会产生突然的横向变形对轴向荷载加以释放，去建立新的平衡。从整体上来看，新的平衡以两种形态得到体现，即侧向屈曲变形和垂向屈曲变形。

海底管道屈曲发生的位置和方向与诸多因素有关，主要包括两个方面，即内部因素和外部因素，前者主要是管道制造和铺设安装过程中引起的初始结构误差，可以用管道结构的不完整性参数加以描述，该参数在管道径向上一般用不圆度来描述，在轴向上一般用不直度来表示；外部因素与海底管道所处的地质环境密切相关，诸如海床的自然不平整、管道路由管沟回填程度不实等。无论侧向屈曲还是垂向屈曲，对于发生屈曲的管段来说，都意味着其挠曲线两端的管道段克服轴向摩擦力产生了相向运动。类比欧拉梁的临界屈曲载荷公式，较长的管道段对应着较低的临界屈曲载荷，但是较长的管道段发生屈曲自然也需要克服较大的侧向摩擦力或克服较大的上覆土壤压力。所以，对于已经就位的具体海底管道而言，存在着一个最可能发生屈曲的管道段长度，通过数值方法对海底管道屈曲问题进行研究时，应该就上述长度进行建模。

双钢海底管道的侧向屈曲除了具备上述海底管道屈曲的基本特征外，还具有其自身特点，主要表现为热载荷下内外层管道的膨胀差异及由此引起的管道轴向力变化。从结构角度讲，内外层管道的热膨胀性能、管径壁厚比、环形空间间隙的大小、内外管连接的布置间距及填充绝热材料的厚度和性能都将对双层海底管道的屈曲行为产生影响，使得双钢海底管道系统表现出下述屈曲形式：

（1）内外层管道作为一个整体发生屈曲，此时双钢管道的屈曲类似于梁的欧拉屈曲，即轴向力作用下内外层管道基本上同时屈曲并且具有基本相同的屈曲形态。

（2）内管率先发生屈曲，但其屈曲的幅度受到环形空间的限制；随着温度载荷增加，内管屈曲模态可能向更高阶跃迁。此时由于外管的刚度较大乃至海床的约束作用较强，内外管间的接触力尚难以引发外管的侧向变形，刚性连接双钢管道系统容易发生类似的屈曲。

（3）内管屈曲后尚没有充分释放管道内的轴向力，而管道系统的轴向承载已经下降，当温度荷载进一步施加时，在内外管层接触力的作用下外管克服海床摩擦阻力发生弯曲。

因此，刚性连接双钢管道系统的屈曲分析，应以内管为目标而将 Bulkhead 视为锚固；柔性连接双钢管道系统的屈曲分析，可采用对连接环板组施加位移荷载，一体分析内外管层失稳变形的方法。两种模拟均需要根据管道的热屈曲特点建立有说服力的分析模型，并且应在分析中包括几何大变形非线性与边界条件非线性。本章以中海油惠州 19-2 至惠州 19-3 双层海底管道和惠州 25-3/1 双层海底管道作为算例，详细阐述了两种双钢管道系统的热屈曲分析方法。

第二节　柔性连接双钢管道系统的侧向屈曲

柔性连接双钢管道系统的轴向力是通过连接环板组传递的，因此系统的热屈曲可视为发生在两组连接环板之间。

由于连接环板组的间距一般比较近，相临两组连接环板间管道段的临界屈曲载荷较高，不容易发生这样短波长的屈曲，但屈曲可能发生在不相临的两组连接环板之间，例如 3 组环板之间或 4 组环板之间。

从结构角度讲，柔性连接双钢管道系统需要具备以下热稳定性：设计荷载下系统的轴向力应该小于近距离两组环板之间（例如 3 组环板之间）管道段的临界轴向力，避免发生能引发屈服的短波长剧烈屈曲，同时设计荷载下较远距离两组环板之间（例如 4 组环板之间）管道段的后屈曲应力还应低于管道材质的屈服强度。

惠州 19-2 至惠州 19-3 双钢海底管道连接环板组的布置间距为 60.96m，为 5 个焊接单根的长度，该布置间距的选择对系统的热屈曲特性有着显著的影响，下面首先分析 3 组环板间 PIP 管道段的侧向屈曲响应。应用 S4R 壳单元建立 121.92m 管道系统模型，以内外管层相应节点间的约束替代连接环板，在热荷载作用下进行特征值屈曲分析，得到海床平面内管道系统的前三阶侧向屈曲模态（归一化的特征向量）如图 4.1 所示。

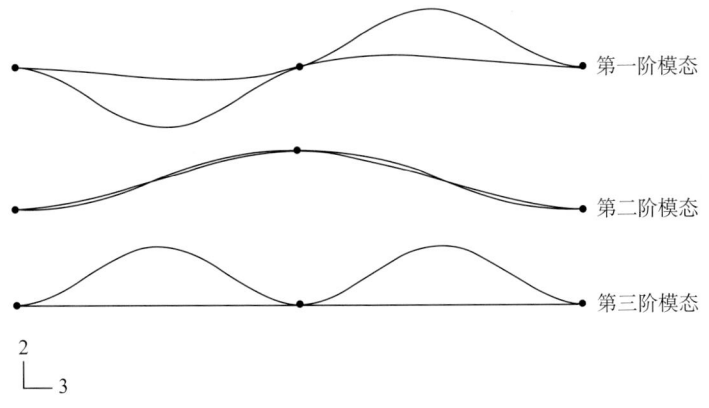

图 4.1　柔性连接系统的前 3 阶侧向屈曲模态（121.92m 管道模型）

Figure 4.1　The first three-order lateral buckling modes of compliant PIP systems

选择第二阶模态构形对系统理想网格进行扰动，获得具有初始挠度的系统有限元模型后应用改进的 Riks 算法进行屈曲过程分析。分析中，模型最右侧环板组的轴向位移作为分析荷载，并以 0.1m 位移量作为参照荷载定义载荷比例因子。

分别以 0.05m、0.10m、0.20m 作为初始挠度的幅值来扰动管道系统的理想对称网格，经改进的 Riks 算法分析可得到如图 4.2 所示的屈曲过程弧长—载荷比例因子曲线（分析中同样需要应用非线性弹簧模拟管道与海床之间的摩擦力）。图 4.2 所示屈曲过程曲线的第一个拐点代表内管率先发生了屈曲，随后的第二个拐点表明外管也发生了弯曲变形，管道系统整体失稳。

上述分析忽略了内外管之间可能发生的接触，但是有一点可以明确，内外管之间的接触力并不是外管发生屈曲的主要动力，实际上内外管之间的接触力为系统内力，总是在相反的方向上同时发生。环形空间中，内管的屈曲本来有可能从最初的低阶模态向高阶模态转化，但柔性连接系统环板组的设计间距一般较近，单独的内管模态跃迁一般不容易发生，取而代之的是系统整体向下一阶模态转化，如图 4.1 所示。

图 4.3 给出了该柔性连接系统热屈曲的最大侧向位移与载荷比例因子关系曲线，图中的拐点表明在轴向力的作用下外管发生了屈曲。分析结果同时表明，不同的铺设不直度，双钢管道系统的整体稳定性是不同的，随着初始挠度的增加，系统失稳的临界载荷下降。

分析中轴向荷载是以位移的形式施加的，位移作用点的约束反力即为环板组向管道所施加的轴向荷载，图 4.4 给出了管道系统屈曲过程中该约束反力与载荷比例因子的关系曲线。

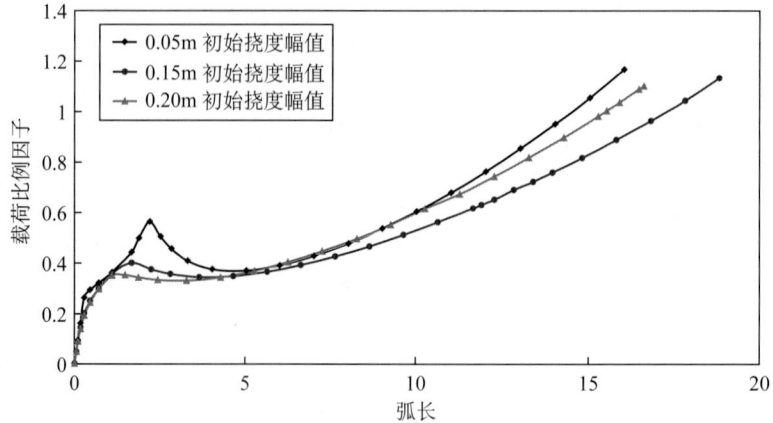

图 4.2　柔性连接双钢管道系统侧向屈曲的弧长—载荷比例因子曲线（121.92m 管道模型）

Figure 4.2　Arc length vs. LPF curves of compliant PIP systems buckling (121.92m pipeline model)

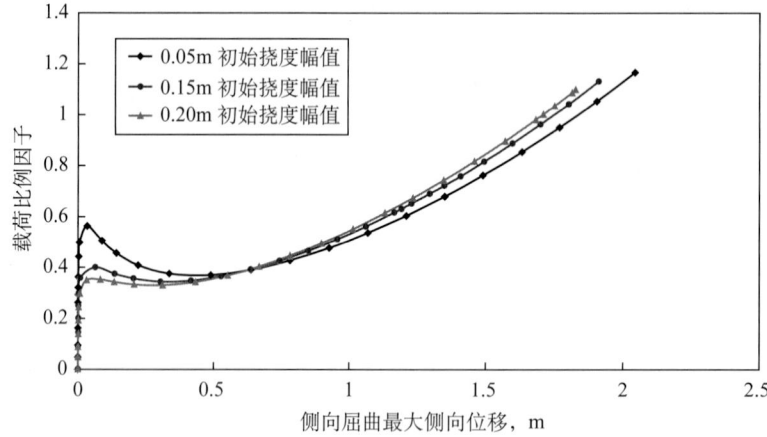

图 4.3　柔性连接系统侧向屈曲的最大侧向位移—载荷比例因子曲线（121.92m 管道模型）

Figure 4.3　Max. Lateral Disp. vs. LPF curves of compliant PIP systems buckling (121.92m pipeline model)

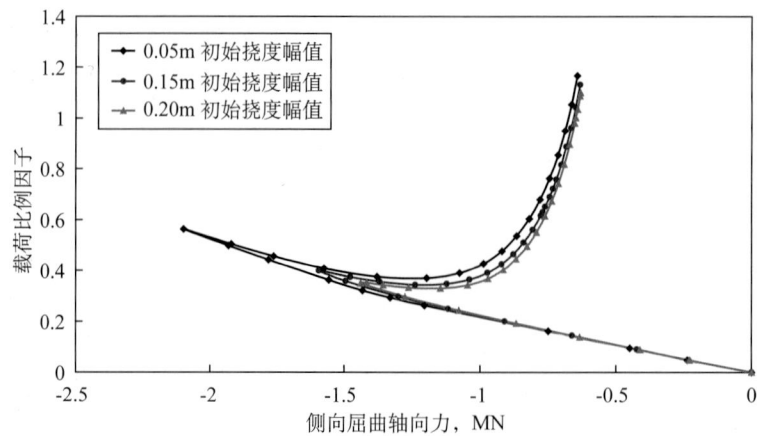

图 4.4　柔性连接系统侧向屈曲的轴向力—载荷比例因子曲线（121.92m 管道模型）

Figure 4.4　Axial Force vs. LPF curves of compliant of PIP systems buckling (121.92m pipeline model)

图 4.4 表明，当初始挠度小时管道系统具有更高的稳定性，但同时其屈曲的突然性也在增加，屈曲发生后会引发更显著的应力集中。表 4.1 给出了不同初始挠度下屈曲发生时系统内外管层的最大 Mises 应力值；表 4.2 给出了不同初始挠度下该管道系统的临界屈曲载荷值。

表 4.1 柔性连接系统侧向屈曲的最大 Mises 应力值（121.92m 管道模型）
Table 4.1 Maximum stress induced in the buckle of compliant PIP systems (121.92m pipeline model)

不直度幅值 m	内管屈曲最大 Mises 应力 MPa	外管屈曲最大 Mises 应力 MPa
0.05	186.3	130.8
0.15	134.0	106.3
0.20	117.6	86.05

表 4.2 柔性连接系统侧向屈曲的临界屈曲载荷（121.92m 管道模型）
Table 4.2 Critical loads of compliant PIP systems lateral buckling (121.92m pipeline model)

不直度幅值 m	临界轴向位移 m	临界轴向力 MN	临界温度荷载 ℃
0.05	0.0563	2.099	112.5
0.15	0.0399	1.594	85.4
0.20	0.0349	1.438	77.1

惠州 19-2 至惠州 19-3 双钢海底管道的后屈曲分析过程如下。

首先应用 S4R 壳单元建立 4 组环板间的管道模型（182.88m），同样以内外管层相应节点间的约束替代连接环板组，在热荷载作用下进行特征值屈曲分析，得到管道在海床平面内的前四阶侧向屈曲模态（归一化的特征向量）如图 4.5 所示。

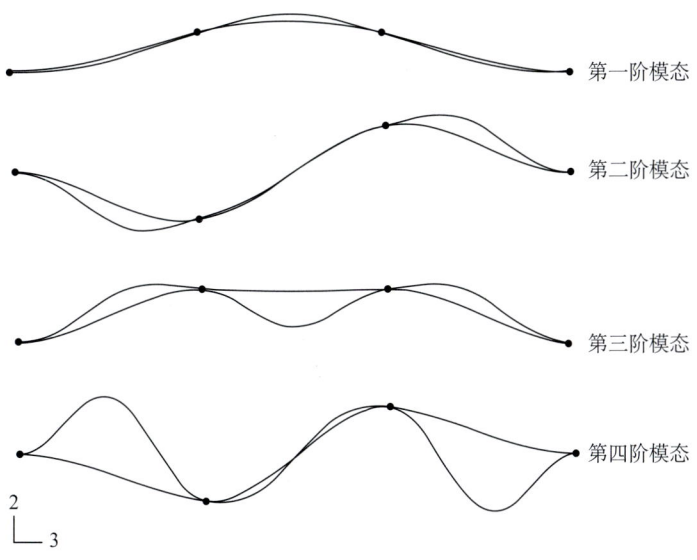

图 4.5 柔性连接系统的前四阶侧向屈曲模态（182.88m 管道模型）
Figure 4.5 The first four-order lateral buckling modes of compliant PIP systems

选择其中第一阶模态形态对理想网格进行扰动，获得具有初始挠度的管道有限元模型。在随后的屈曲过程分析中，模型最右侧环板组的轴向位移被作为分析载荷，同样以 0.1m 位移作为参照荷载定义载荷比例因子。分别以 0.01m、0.06m、0.1m 作为初始挠度的侧向位移幅值扰动理想轴对称网格，经改进的 Riks 算法分析得到了如图 4.6 所示的弧长—载荷比例因子曲线。

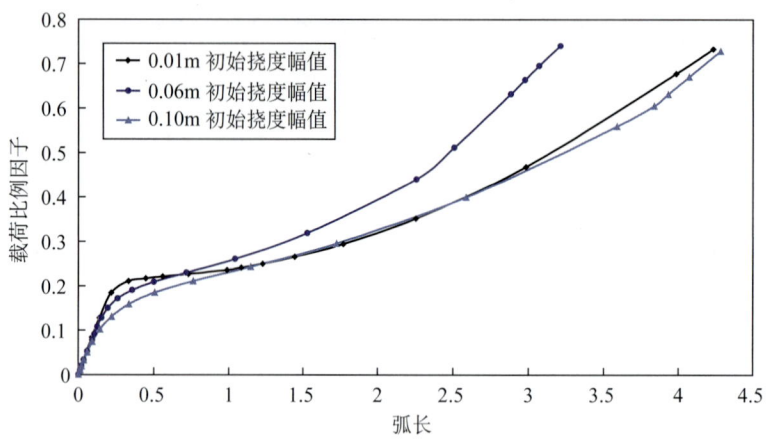

图 4.6　柔性连接系统侧向屈曲的弧长—载荷比例因子曲线（182.88m 管道模型）

Figure 4.6　Arc length vs. LPF curves of compliant PIP systems buckling (182.88m pipeline model)

图 4.7 给出了分析得到的柔性连接系统屈曲的最大侧向位移与载荷比例因子关系曲线，分析结果表明，对于发生在 4 组环板间的长波长屈曲，管道的铺设挠度影响不再显著。分析中轴向荷载同样是以位移的形式施加的，位移荷载作用点的约束反力即为环板组向管道所施加的轴向荷载。图 4.8 给出了 182.88m 管道系统模型屈曲过程的轴向力—载荷比例因子关系曲线。

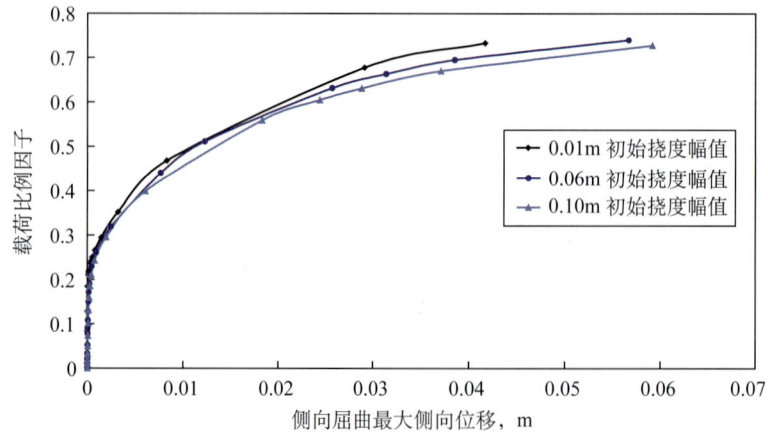

图 4.7　柔性连接系统侧向屈曲的最大侧向位移—载荷比例因子曲线（182.88m 管道模型）

Figure 4.7　Max. Lateral Disp. vs. LPF curves of compliant PIP systems buckling (182.88m pipeline model)

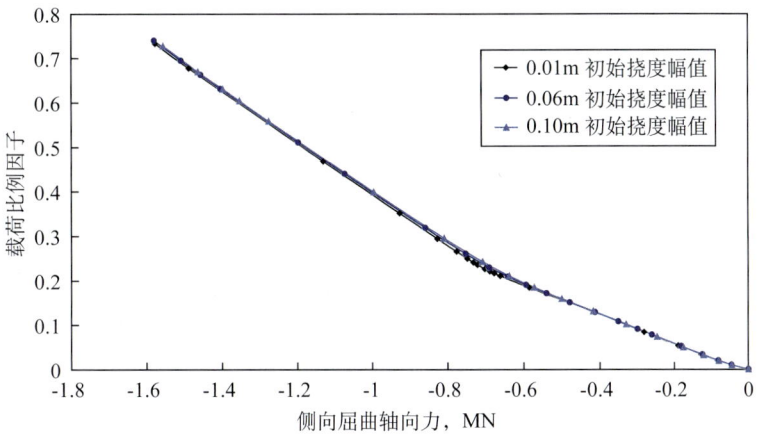

图 4.8 柔性连接系统侧向屈曲的轴向力—载荷比例因子曲线（182.88m 管道模型）
Figure 4.8 Axial Force vs. LPF curves of compliant of PIP systems buckling (182.88m pipeline model)

表 4.3 给出了屈曲发生时系统管壁内的最大 Mises 应力；表 4.4 给出了不同初始挠度下管道系统的临界屈曲载荷值，与表 4.2 所列出的分析结果对比可以得出如下结论：柔性连接系统长波长屈曲的临界载荷很低，屈曲引发的应力集中并不显著，受管道铺设挠度的影响较小。可以判断类似的屈曲在介质输送过程中将经常发生，此时需要进一步分析热荷载下管道系统的后屈曲响应。

若介质输送时管道系统的温度荷载为 70℃，表 4.5 给出了不同初始挠度下柔性连接系统后屈曲响应的最大 Mises 应力值。分析结果表明，70℃温度荷载下惠州管道的后屈曲不会引发屈服。

表 4.3　柔性连接系统侧向屈曲的最大 Mises 应力值（182.88m 管道模型）
Table 4.3　Maxi.Mises stress induced in the buckle of compliant PIP systems (182.88m pipeline model)

不直度幅值 m	内管屈曲最大 Mises 应力 MPa	外管屈曲最大 Mises 应力 MPa
0.01	30.66	28.58
0.06	28.11	24.64
0.10	28.23	23.92

表 4.4　柔性连接系统侧向屈曲的临界屈曲载荷（182.88m 管道模型）
Table 4.4　Critical loads of compliant PIP systems lateral buckling (182.88m pipeline model)

不直度幅值 m	临界轴向位移 m	临界轴向力 MN	临界温度荷载 ℃
0.01	0.0211	0.6621	35.5
0.06	0.0171	0.5406	29.0
0.10	0.0159	0.5004	26.8

表 4.5　柔性连接系统后屈曲的最大 Mises 应力（182.88m 管道模型，70℃温度荷载）
Table 4.5　Maxi.Mises stress induced in the post-buckling of compliant PIP systems

不直度幅值 m	内管屈曲最大 Mises 应力 MPa	外管屈曲最大 Mises 应力 MPa
0.01	116.9	123.9
0.06	115.6	121.2
0.10	115.3	120.8

第三节　刚性连接双钢管道系统的侧向屈曲

刚性连接双钢管道系统的侧向屈曲是从内管开始的。内管在环形空间中发生的屈曲是限幅屈曲，其屈曲幅度受到环形空间的限制。在后屈曲阶段，尽管屈曲幅度无法增加，但内管的屈曲波长逐渐变短，导致其后屈曲应力同样逐渐增加，此时内外管间的接触力也有可能将弯矩传递到外管，引起双钢管道系统整体的侧向变形。

因此刚性连接双钢管道系统的侧向屈曲分析需要从内管开始，当系统的输送温度低于内管在环形空间的临界屈曲载荷时，限幅屈曲不会发生，内管在环形空间中将保持稳定，整个双层管系也将保持稳定；若输送温度高于该临界值时，不妨假设温度载荷是逐步施加的，内管在环形空间内屈曲后，温度载荷还将继续施加，此时则需要对内管乃至整个管道系统的后屈曲响应进行分析，预测输送温度下管道系统的后屈曲状态。

可选用 Hobbs 公式对刚性连接双钢管道系统的内管进行屈曲预测分析。考虑到内管的屈曲是受到环形空间限制的，可将垫块（Spacer）与外管之间的间隙作为内管热屈曲的侧向幅值而先算出相应的屈曲波长，再计算内管的临界屈曲载荷。

一、刚性连接双钢管道系统侧向屈曲的临界荷载

以惠州 25-3/1 管道为例阐述所发展的刚性连接双钢管道系统侧向屈曲分析方法。惠州 25-3/1 海底管道为典型的刚性连接双钢管系统，其环形空间的设计布置如图 4.9 所示。在每个单根长度上（12.192m）有两组垫块，每组 5 个，环绕布置在内管周围，垫块是木制的并用钢丝连接捆绑到内管上；出于安装需要，环形空间中垫块与外层管道之间留有若干间隙，环形空间中的其他位置则由保温材料填充。

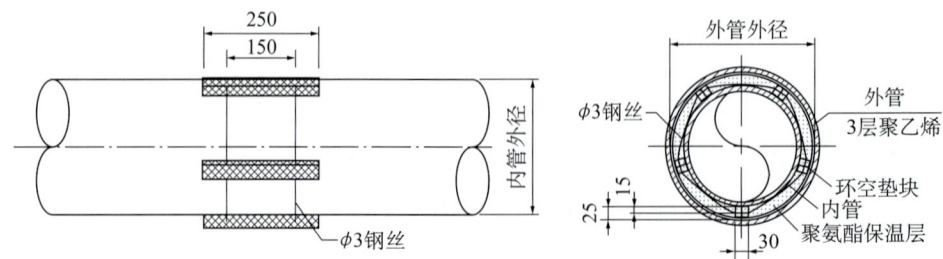

图 4.9　惠州 25-3/1 双钢海底管道系统的环形空间布置

Figure 4.9　Layout in annular space of HZ25-3/1 PIP systems

Hobbs 针对最常见的前 1～4 阶屈曲模态给出了如下单层海底管道热屈曲临界轴向力计算公式：

$$P_0 = k_1 \frac{EI}{L^2} + k_3 \phi w L \left\{ \left[1.0 + k_2 \frac{AE\phi w L^5}{(EI)^2} \right]^{1/2} - 1.0 \right\} \tag{4.1}$$

管道屈曲变形侧向偏移的幅值为

$$\hat{y} = k_4 \frac{\phi w}{EI} L^4 \tag{4.2}$$

屈曲段管道中最大弯矩为

$$\hat{M} = k_5 \phi w L^2 \tag{4.3}$$

式中 L——屈曲波长；

I——管道横截面的惯性矩。

公式中常数 $k_1 \sim k_5$ 的取值依据不同的侧向屈曲模态见表 4.6。

表 4.6 侧向屈曲前四阶模态的计算常数
Table 4.6 Constants of lateral buckling modes

模态	k_1	k_2	k_3	k_4	k_5
1	80.76	6.391×10^{-5}	0.5	2.407×10^{-3}	0.06938
2	$4\pi^2$	1.743×10^{-4}	1.0	5.532×10^{-3}	0.1088
3	34.06	1.668×10^{-4}	1.294	1.032×10^{-2}	0.1434
4	28.20	2.144×10^{-4}	1.608	1.047×10^{-2}	0.1483

表 4.7 列出了惠州 25–3/1 双钢海底管道 1 段的基本设计数据，利用 Hobbs 公式对内管在环形空间内的屈曲进行分析。若忽略环形空间中垫块的压缩量，管道系统内管的侧向屈曲幅值可达 8mm（设计要求垫块与外管内壁的间隙不超过 4mm，可认为内管侧向屈曲的最大幅度为 8mm）；根据环形空间中材料的摩擦属性结合工程经验选取内外管相对运动的摩擦系数为 0.22。表 4.8 列出了 Hobbs 公式计算出的内管在环形空间内屈曲的屈曲波长、临界轴向力（温度）和最大弯矩。

表 4.7 惠州 25–3/1 双钢海底管道 1 段的基本设计数据
Table 4.7 Design data for HZ 25–3/1 pipeline in ZONE1

管道长度，km	21.0
设计寿命，a	13
内管外径，mm	273.1
外管外径，mm	355.6
内管压力，MPa	5.0
内管温度，℃	115

续表

输送介质密度，kg/m³	900 ~ 964
输送介质	油、产出水
外管温度，℃	环境温度
安装温度，℃	18.1
内管壁厚，mm	12.7
外管壁厚，mm	11.1
内管材质	API 5L PSL2 X65
内管材质最小屈服应力，MPa	448
外管材质	API 5L PSL2 X60
外管材质最小屈服应力，MPa	413

表 4.8 内管屈曲第一至第四阶模态的屈曲波长、临界轴力（温度）和最大弯矩

Table 4.8 Critical axial forces, buckle lengths and maximum bending moments of 1st ~ 4th modes

	第一阶模态	第二阶模态	第三阶模态	第四阶模态	∞阶模态
屈曲波长，m	21.62	17.56	15.02	14.97	18.54
临界轴向力，MN	3.158	2.341	2.758	2.300	2.100
临界温度荷载，℃	125.5	93.0	109.6	91.4	83.4
最大弯矩，MN·m	9.02×10^{-3}	9.33×10^{-3}	9.00×10^{-3}	9.24×10^{-3}	4.84×10^{-3}

表 4.8 中计算结果表明，模态一和模态三的临界屈曲温度高于惠州管道的设计温度（115℃ −18.1℃ =96.9℃），所以模态一和模态三的屈曲形态在环形空间中不会生成，但是模态二和模态四的屈曲形态在环空中将会生成。模态二和模态四的临界温度低于输送介质的载荷温度，因此还需要分析这两个模态下管道的后屈曲响应。表 4.8 中临界屈曲温度最低的无穷模态实际上是理想管道在海床上自由变形的假想模态，在此予以忽略。

后屈曲分析首先利用 Hobbs 第二、第四阶模态扰动内管的理想网格，构造内管在环形空间中的初始构形，再应用改进的 Riks 算法分析热膨胀作用下管道的后屈曲响应，获得贴近工程实际的分析结果。

二、刚性连接双钢管道系统侧向屈曲过程分析

应用 4 节点四边形壳单元 (S4R) 模拟惠州管道的内外管层，8 节点体单元 (C3D8R) 模拟环形空间中的垫块，建模过程中对环形空间中垫块的实际结构进行了简化，以简单的环形代替了以钢丝捆绑的 5 个垫块，其目的是为了提高接触分析的收敛性，由于木块的实际刚度很小，这样的简化不会带来大的分析误差，如图 4.10 所示。

有限元模拟的范围需要包括管道的整个屈曲构形，根据 Hobbs 对屈曲波长的定义及表 4.8 的计算结果，分析二阶模态内管构形的后屈曲需要模拟管道长度为 35.1m，分析四阶模态内管构形的后屈曲需要模拟管道长度为 59.9m。管道系统的后屈曲过程为热弹性失稳过

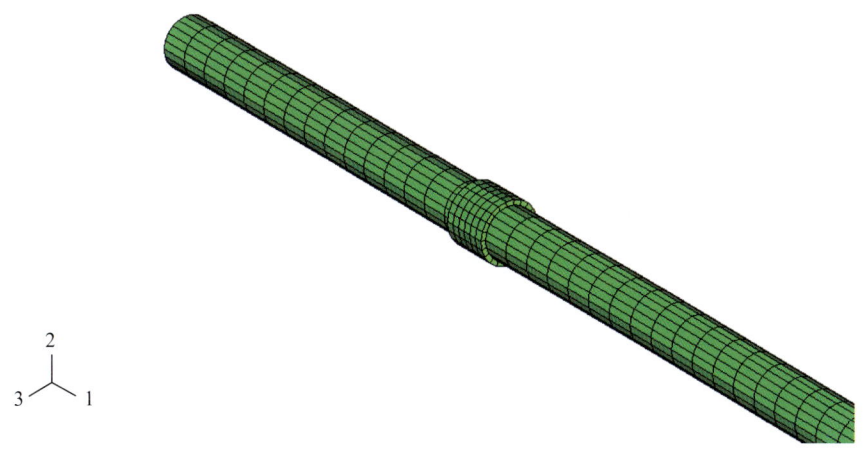

图 4.10　刚性连接 PIP 系统的有限元模型网格
Figure 4.10　the FE grid of non-compliant PIP systems

程，故有限元模型两端选用固支边界条件。外管与海床之间的摩擦仍然可用非线性弹簧模拟，作用于外管单元节点的摩擦力大小为所分配的管道沉没重量与摩擦系数的乘积。外管与海床间的轴向摩擦系数选为 0.3，侧向摩擦系数选为 0.5，摩擦力的方向始终为外管运动的反方向，对外管的运动始终起约束作用。鉴于热载荷是管道屈曲失稳的最主要原因，分析中忽略了管道附近海流的影响与海床起伏的影响。后屈曲过程中，环形空间中的垫块将受到挤压，而接触力可能引起外管变形，所以在几何非线性分析中（Riks 分析）应包括接触分析。

图 4.11 提供了惠州 25-3/1 双钢管道系统二阶模态屈曲的弧长—载荷比例因子曲线。图 4.11 表明，当 LPF 值超过 0.5 时，内管在环形空间率先发生了屈曲，但因为内管屈曲的幅值受限，继续施加热荷载后，其波长将逐渐变短，由于环空中垫块与外管内壁挤压，外管刚度发挥作用，系统获得了更高的热承载能力。当 LPF 值接近 1.0 时，外管在接触力的作用下开始离开平衡位置，双钢管道系统的热承载能力下降，此时内管的屈曲形态已经接近第三阶模态，管道整体形态接近高温输送过程中的实际构形。

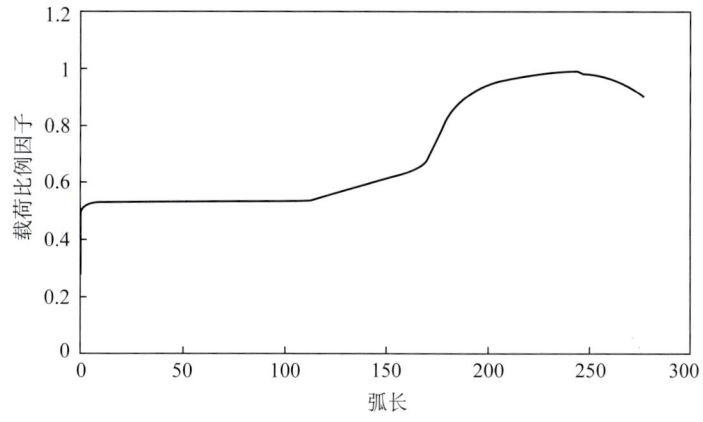

图 4.11　惠州 25-3/1 双钢管道系统热屈曲的弧长—载荷比例因子曲线（第二阶屈曲模态）
Figure 4.11　LPF vs. Arc Length curve of HZ 25-3/1 PIP systems

当LPF值等于1.0时，所施加的热荷载为设计热荷载，内管的轴向应力分布如图4.12所示，其中内管后屈曲的最大轴向应力为285.5MPa。分析表明设计热荷载下环空内接触力并没有引发外管的侧向位移，在海床摩擦力的约束下外管始终保持稳定。

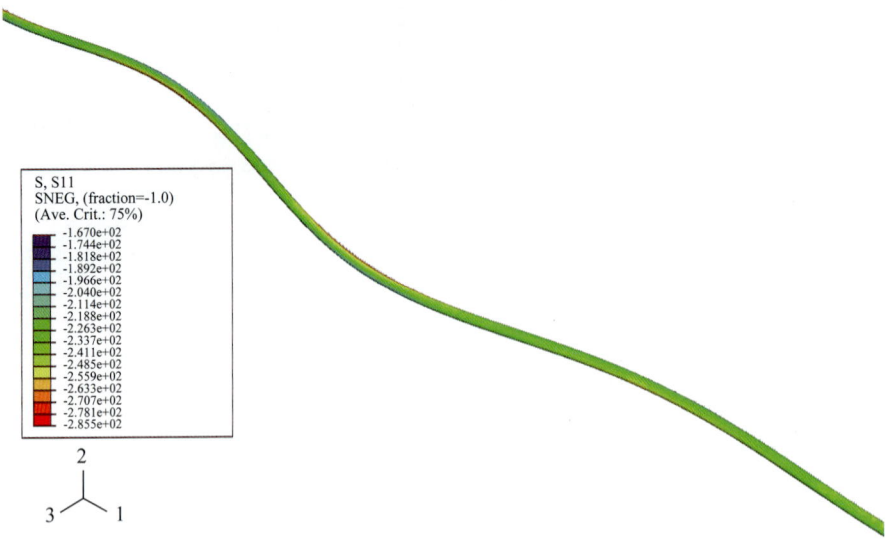

图4.12 惠州25-3/1双钢管道系统热屈曲的内管轴向应力分布（第二阶屈曲模态）

Figure 4.12 Axial stresses of the buckling carrier pipe of HZ 25-3/1 PIP systems (the second-mode buckle)

图4.13给出了设计热荷载下，内管第四阶模态后屈曲的轴向应力分布云图，设计热荷载下内管后屈曲引发的最大轴向应力为280.6MPa。图4.14为设计热荷载下环空接触力引发的外管变形形态图，当内管以第四阶模态的构形在环空中发生屈曲时，所引发的环空接触力将导致外管发生形如第二阶屈曲模态的形变，但分析结果同时表明，在海床摩擦力的约束下该形变的幅度是很小的。

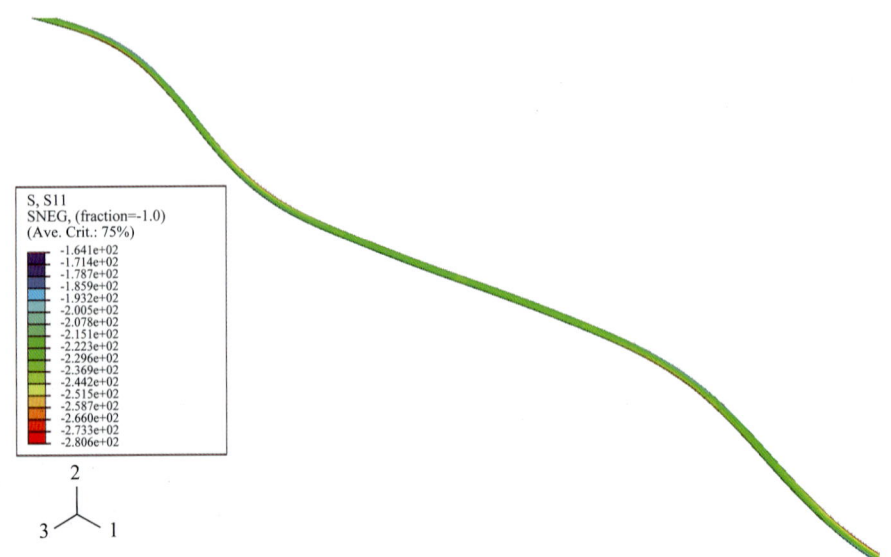

图4.13 惠州25-3/1双钢管道系统热屈曲的内管轴向应力分布（第四阶屈曲模态）

Figure 4.13 Axial stresses of the buckling carrier pipe of HZ 25-3/1 PIP systems (the forth-mode buckle)

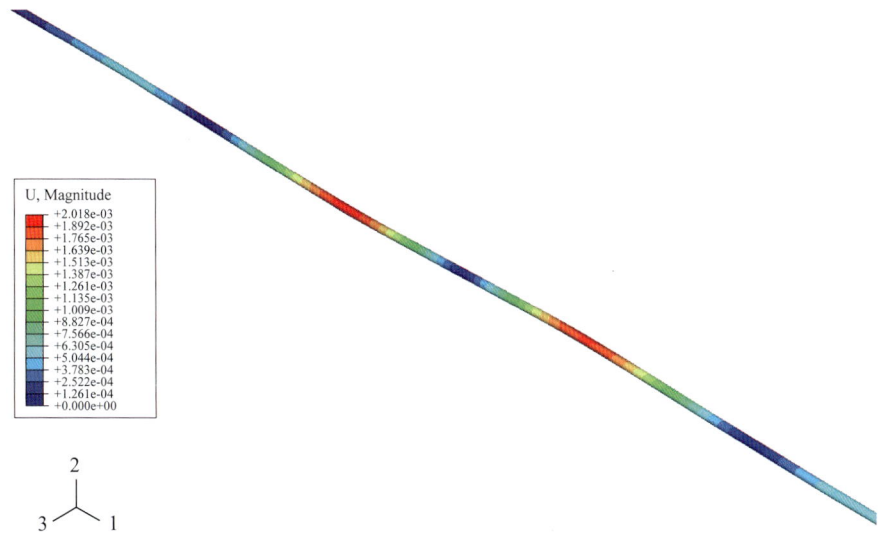

图 4.14　设计热荷载下惠州 25-3/1 双钢管道系统的整体侧向变形
Figure 4.14　The lateral displacement of buckling HZ 25-3/1 PIP systems

对比内管后屈曲分析结果，设计热荷载下内管第二阶模态后屈曲引发的轴向应力（285.5MPa）略大于第四阶模态后屈曲引发的轴向应力（280.6MPa），这正与表 4.8 的分析结果相符合，即环空中内管第二阶模态屈曲的最大弯矩大于第四阶模态屈曲的最大弯矩。值得注意的是，内管第二阶模态屈曲与第四阶模态屈曲的临界屈曲载荷均低于管道的设计热荷载，因此两屈曲构形在环空中均有可能出现，而内管以哪种模态屈曲则主要取决于承载前管道的初始不直度形态。

以上分析表明，刚性连接双钢管道系统的侧向屈曲主要表现为内管在环形空间中屈曲，这种屈曲形式与单层管道的屈曲比较接近，所不同的是内管屈曲的发展受到外管管壁的约束，因此刚性连接系统的热屈曲是限幅屈曲。从计算结果来看，热荷载作用下刚性连接系统的内管后屈曲应力应该成为该种类型管道强度校核的最主要考察对象，但是海底管道现有规范没就此点给予明确阐述，仅是从稳定性角度提出应该对双钢管道的屈曲行为进行校核。

刚性连接双钢管道系统的环形空间一般布置有支撑垫块，有限元分析结果表明，热屈曲过程中环空接触力很难压缩这些垫块，故内管屈曲的幅值与环形空间中的安装间隙接近。工程上该间隙的大小在 2 ~ 10mm，图 4.15 给出了惠州 25-3/1 双钢海底管道环空间隙与内管临界屈曲载荷关系曲线，从中可以看出，当环空间隙增加时内管各个模态的临界屈曲载荷均明显下降，屈曲风险显著增加。

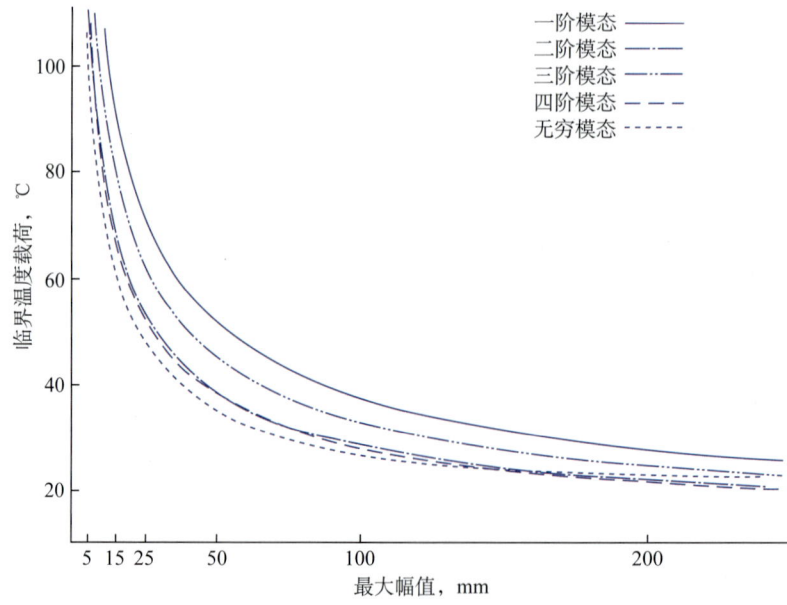

图 4.15 惠州 25-3/1 双钢管道安装间隙与临界屈曲载荷关系曲线

Figure 4.15 Installation clearance vs. critical buckling load curves of HZ 25-3/1 PIP systems

本章小节

（1）Hobbs 公式与有限元技术的结合解决了双钢管道系统热屈曲评估中两种分析方法各自的局限性，即前者无法进行屈曲过程分析，后者难以选择准确的模拟长度。本文所提供的评估方法能够逐阶模拟双钢管道系统的后屈曲过程，并能准确地预测设计热荷载下管道系统的应力应变状态。

（2）相比单层管道，双钢管道系统具有更好的热稳定性，在海床上不容易发生整体侧向失稳，但高温荷载下管道系统内管在环形空间中的后屈曲形变可能会引发较高的应力集中。减少环形空间的安装间隙能够提高内管的临界屈曲载荷，从而提升双钢管道系统的热稳定性。

参考文献

[1] Zhao Tianfeng, Duan Menglan, Pan Xiaodong. Lateral buckling performances of untrenched HT PIP systems. Proceedings of The Seventeenth 2007 International Offshore and Polar Engineering Conference, Lisbon, Portugal, 2007, 2: 945-950.

[2] 赵天奉，段梦兰，潘晓东. 刚性连接双层海底管道高温侧向屈曲分析方法研究. 海洋工程，2008，26（3）：65-69.

[3] Zhao Tianfeng, Duan Menglan, Pan Xiaodong, et al. Lateral buckling of non-trenched high temperature pipelines with pipelay imperfections. Petroleum Science, 2010, 7(1): 123-131.

第五章　保温管道系统的垂向热屈曲

第一节　双钢保温管道的垂向屈曲

双钢保温管道一般情况下不容易发生垂向屈曲，但在某些特定条件下，例如海床起伏严重，或者双钢管道本身具有跨越设计，那么考虑到初始挠度的影响，则需要考察管道的垂向稳定性。下面以惠州 25-3/1 管道跨越段的垂向稳定性校核为例，详细说明双钢保温管道的垂向热屈曲分析方法。

为了跨越某条海底电缆，惠州 25-3/1 管道特别设计了 4 组支撑沉垫，在电缆通过位置将管道垫起，其布置示意图如图 5.1 所示。该跨越管段的跨越长度为 116m，沉垫组分为Ⅰ型约束和Ⅱ型约束两种，跨越位置的中部应用Ⅰ型约束，底部沉垫高度为 50cm，在该位置约束管道的沉降；两侧用Ⅱ型约束，底部沉垫高度为 30cm，上部有覆盖沉垫组压住管道，同时约束管道的下沉和隆起，如图 5.2、图 5.3 所示。

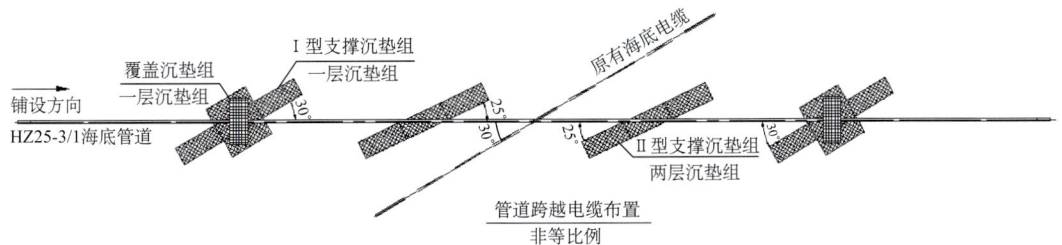

图 5.1　惠州 25-3/1 双钢管道的跨越构形与支撑沉垫组布置

Figure 5.1　The crossing format of HZ 25-3/1 PIP systems and the layout of support mattress

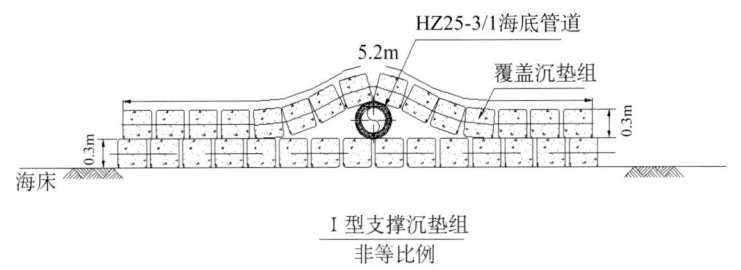

图 5.2　Ⅰ型支撑沉垫组的布置

Figure 5.2　The layout of TYPE Ⅰ support mattress

跨越段的存在，相当于双钢管道系统在该位置具有了促使其垂向屈曲的初始挠度，此时管道系统的临界屈曲载荷会下降，若输送过程中实际轴向力接近该值，管道系统就有可能在垂向上失稳。

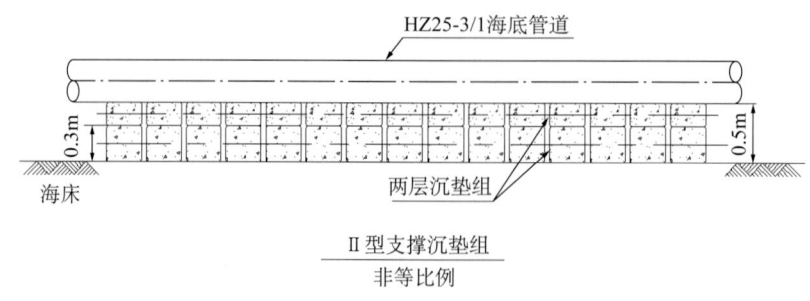

图 5.3　Ⅱ型支撑沉垫组的布置

Figure 5.3　The layout of TYPE Ⅱ support mattress

跨越管道一般趋向于先在垂向上屈曲，发生垂向屈曲时管道轴向力、管道系统自重和沉垫组的支撑力将在垂向上建立起平衡，但当管道离开支撑面（海床或者沉垫组），侧向上将不再受到摩擦力的约束，其侧向屈曲的临界载荷将显著降低，很可能迅速低过垂向屈曲的临界载荷，导致管道从垂向屈曲模态直接跃迁到某个侧向屈曲模态，从现象上来看是管道克服Ⅰ型支撑覆盖沉垫组的垂向约束后发生了侧向倾倒。跨越设计不但要充分降低跨越构形引发的应力，而且要校核跨越构形的屈曲和后屈曲响应，确保设计荷载下管道的垂向稳定性。

屈曲管段的轴向力低于其两侧未屈曲的管道段，并且在屈曲过程中，两侧的管道段将不断"加入"到屈曲管段内，被称为滑移段。管道的模拟长度需要尽可能地包括滑移段；分析热荷载作用下管道的垂向屈曲，完全锚固的边界条件是比较合适的选择，此时约束边界的轴向反力将与管道的临界屈曲轴向力接近。惠州 25-3/1 管道的最大输送温度为 115℃，选海底温度为管道安装温度（18.1℃），故以 96.9℃（115~18.1℃）定义载荷比例因子，在 Riks 分析中，当 LPF 值为 1.0 时对应增量步的加载为设计热载荷。

跨越管段的初始构形作为不利因素是不能够忽略的，因此需要分析双钢管道铺设到 4 组沉垫后在重力及环境荷载作用下的变形状态，先获得海底管道在该跨越位置的构形。以 S4R 壳单元模拟内外管层，以 C3D8R 体单元模拟环形空间中的木制垫块，构建管道系统的有限元模型后，进行两步有限元分析，第一步是静力分析，用以建立重力与沉垫支撑力之间的平衡，第二步施加热载荷，当管道中的轴向力达到跨越段整体或局部管段的临界轴向力时，跨越段的整体或局部管段发生垂向屈曲，离开沉垫的支撑平面（此时模拟支撑力的非线性弹簧不再发力），在垂向建立起了新的平衡。

在第二步的加载中，应用改进的 Riks 算法对双钢管道的失稳过程进行分析，所得跨越段管道垂向屈曲的弧长—载荷比例因子曲线如图 5.4 所示。该曲线中载荷比例因子的最大值为 0.839，对应的实际加载温度为 81.3℃（若安装温度为 18.1℃，内管温度则达到 99.4℃），这表明在跨越段管道保持垂向稳定的热承载能力是有限的，输送温度过高会导致发生垂向屈曲，由于输送过程中的热量沿程损失，惠州 25-3/1 管道在跨越位置介质的实际温度为 97℃，对应的 LPF 值为 0.814，小于跨越段管道垂向屈曲的临界载荷值（0.839）。

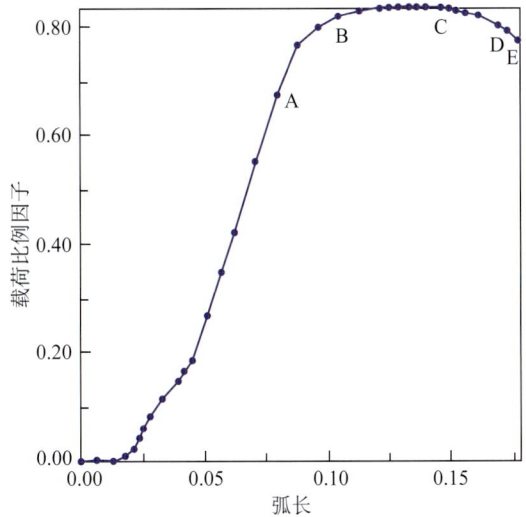

图 5.4 跨越段管道垂向屈曲的弧长—载荷比例因子曲线

Figure 5.4 LPF vs. Arc Length curve of the crossing section buckling

图 5.4 对跨越管段屈曲过程中的 5 个典型增量步进行了标注，其中 A 点为管道系统内管在环形空间中屈曲发生时刻的分析增量步；B 点为管道系统在跨越位置整体发生垂向位移时的分析增量步，此时环形空间中的接触力引发了外管的垂向变形；C 点为双钢管道系统后屈曲过程中垂向构形发生跃迁时的分析增量步（由第一阶模态向第二阶模态跃迁）。A、B、C 3 个算点对应的内外管层构形如图 5.5 所示（垂向变形放大 100 倍显示，内外管的弯曲形态并不完全一致）。

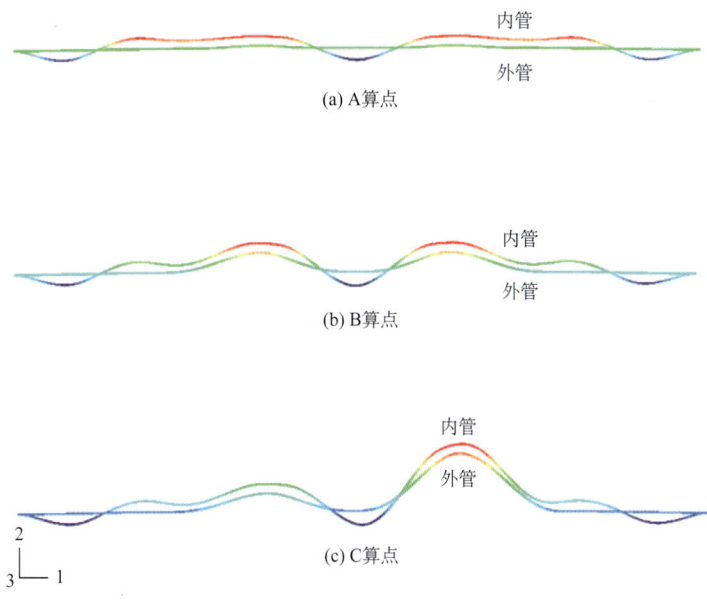

图 5.5 管道跨越段失稳的三个构形

Figure 5.5 Three buckling formats of the crossing section

上述分析中假设Ⅰ型支撑始终约束管道的垂向运动因而将该位置处外管的垂向位移锚固，但实际上Ⅰ型支撑覆盖沉垫组的垂向约束力是有限的，若该约束力不足，覆盖沉垫组有可能被屈曲的管道顶起，导致垂向屈曲的管道发生侧向屈曲，带来危险的后果。

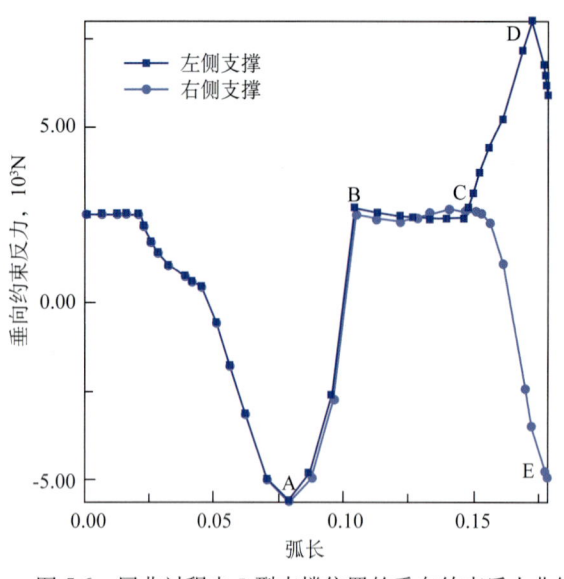

图 5.6 屈曲过程中Ⅰ型支撑位置的垂向约束反力曲线

Figure 5.6 Reaction force of TYPE Ⅰ SUPPORTS when PIP systems buckling

图 5.6 给出了管道屈曲过程中Ⅰ型支撑位置的约束反力曲线（管道左右两侧的约束反力分别以绿色和红色两条曲线表示），该曲线仍然以 Riks 分析的弧长为自变量，对应地标注了图 5.4 的 5 个增量步，其中 A、E 两点的约束反力为负值，意味着此时管道在Ⅰ型支撑位置向上顶覆盖沉垫组；B、C、D 3 点的约束反力为正值，意味着此时管道在Ⅰ型支撑位置向下压底部沉垫组。图 5.6 表明，A 时刻管道所需要的垂向约束力最大，为 5.59kN，该值可以用于校核覆盖沉垫组的垂向约束力是否足够。

值得注意的是，在Ⅰ型支撑位置处管道的最大上顶力并没有出现在屈曲发生时刻（B 点），而是出现在屈曲发生之前（A 点）。从 B 点到 C 点，管道的垂向屈曲发生了由第一阶模态向第二阶模态的跃迁，屈曲构形不再对称，导致左右两侧Ⅰ型支撑的约束反力方向发生了变化，在左侧，管道下压Ⅰ型支撑的底部沉垫组；在右侧，管道上顶Ⅰ型支撑的覆盖沉垫组。图 5.7 给出了左右两侧Ⅰ型支撑的约束反力矩曲线（对 3 方向），表 5.1 给出了管道屈曲过程中关键增量步的分析结果。

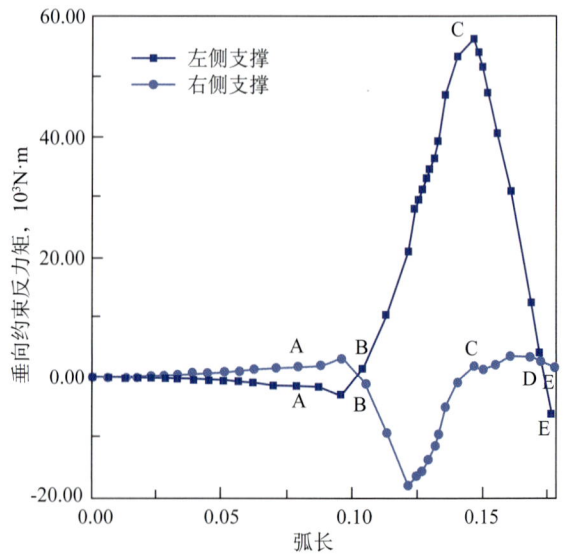

图 5.7 屈曲过程中Ⅰ型支撑位置的约束反力矩曲线

Figure 5.7 Reaction moment of TYPE Ⅰ SUPPORTS when PIP systems buckling

表 5.1　Riks 分析中关键增量步的分析结果
Table 5.1　Riks analysis results of several important increments

增量步	弧长	LPF	约束反力 kN	约束反力矩左/右 kN·m	内管最大 Mises 应力 MPa	外管最大 Mises 应力 MPa
A	0.0793	0.674	−5.59	−1.56/1.58	199.9	25.57
B	0.104647	0.820106	2.65	1.43/−1.16	244.7	59.29
C	0.146763	0.83454	2.41	56.32/1.74	263.5	106.5
D	0.172587	0.794533	7.98	3.88/2.70	237.4	76.57
E	0.177159	0.775146	−4.81	−6.41/1.85	232.4	68.96

从表 5.1 所列结果来看，在 C 增量步，垂向屈曲模态跃迁到 2 阶，管道内应力集中最为显著，尤其是外管应力较模态跃迁前有着明显增加，而 C 增量步与 B 增量步的温度荷载相比并没有很大差别，即模态跃迁对跨越管道的轴向力承载能力并没有多少提升。为此，管道热荷载应低于 B 增量步对应的温度荷载，直接避免管道垂向屈曲的发生以及紧跟着的屈曲模态跃迁。

上述有限元方法能够完整地分析双钢管道系统跨越段的垂向屈曲过程，并且能够校核跨越设计中覆盖沉垫组的约束力是否够用。分析中忽略了管道铺设所残余的拉应力，鉴于拉应力会在一定程度上缓解温度荷载引起的轴向力，对铺设残余应力的忽略使得分析结果趋向保守，故可对分析结果进行修正，将分析得到的管道临界屈曲温度增加若干，以平衡管道内部的初始拉应力。分析结果亦表明，高温管道系统的跨越设计既要考虑跨越构形引起的静态应力变化，也要考虑跨越引起的管道垂向稳定性降低。

第二节　单钢保温管道的垂向屈曲

本节探讨单钢保温管道的垂向屈曲特性，该种类型管道在其热屈曲过程中呈现非线性抗弯刚度。通过数值分析管道混凝土配重层的拉伸开裂与压缩破碎，可得到管道单根的曲率相关非线性抗弯刚度；利用传递矩阵法推导的特征方程，本节给出了一套包含上述非线性刚度的单钢保温管道垂向屈曲预测方法。

单钢保温管道在现场接头（Field-joint）位置的弯曲刚度最低，类似北海 Danish 区块 Rolf A/Gorm E 油气混输管道，热屈曲发生后管道现场接头最容易位于屈曲构形的顶点而导致该位置钢管层的后屈曲应力最大。同时，热屈曲将在管道保温层、防护层及混凝土配重层之间引发复杂的剪力，甚至导致管道现场接头拉脱。

本节所提出的垂向屈曲预测方法，可在捕获单钢保温管道热屈曲路径的基础上预测钢管层的后屈曲应力及管道诸管层之间的后屈曲剪力。

一、单钢保温管道的热屈曲问题

相比双钢保温管道，单钢保温管道节省了钢管材及海上安装的焊接工作量，显然更为经济。如果一些技术障碍能够突破，该种类型管道有望获得更多的应用[1]。与其他保温管道相同，单钢保温管道同样面临热屈曲问题。

1986年北海Rolf A/Gorm E单钢保温管道发生垂向热屈曲失效后，丹麦科技大学改进了管道设计阶段采用的经典热屈曲分析方法，基于后屈曲平衡曲线提出了新的理论模型，并讨论了挖沟作业导致的塑性形变以及不直度引发的埋设管道垂向蠕动[2]。之后二十年间，国内外学者对海底管道热屈曲问题展开了更为深入的研究，探讨了管道铺设不直度和管道大挠度形变的影响[3,4]，探讨了热屈曲过程中复杂的管土作用问题[5]以及双钢保温管道的热屈曲[6]，这些研究完善了海底管道热屈曲理论，提升高温管道的工程设计水平。但在这些研究中，管道的弯曲刚度均被视为定值。实际上单钢保温管道热屈曲过程中，其混凝土配重层会发生损伤，管道的弯曲刚度会不断改变。另外单钢保温管道仅有内部钢管层是连续的，在现场接头位置由于其他管层缺失管道弯曲刚度最低。

相比没有保温层的混凝土涂敷配重管道，单钢保温管道的混凝土配重层有更大的圆周和截面惯性矩，其总弯曲刚度本应更大，但工程实践表明，由于聚氨酯保温层的易压缩和大厚度，若以钢管层的曲率表征管道系统的整体曲率，管道的刚度经常是不升反降。因此单钢保温管道系统的弯曲刚度并不是各个管层刚度的简单叠加，考虑到弯曲也将导致混凝土拉伸开裂与压缩破碎，单钢保温管道的弯曲刚度甚至需要结合混凝土配重层的损伤程度方能准确给出。由于在试验中精确测量混凝土损伤的难度同样很大，因此至今未见针对以上关系的试验结果发表。本文依靠有限元模型分析解决这一困难。

此外，单钢保温管道承担热荷载后，内部钢管层轴向膨胀伸长还会在其他管层及管层界面引发剪力。Rolf A/Gorm E管道热屈曲过程中，伴随着钢管层的弯曲和轴向力释放，管道的防护层与热缩套发生了相对滑动，致使管道现场接头位置保温材料外露，密封失效。因此还有必要深入研究单钢保温管道后屈曲阶段的层间剪力。

二、单钢保温管道单根的弯曲刚度

单钢保温管道弯曲过程中，聚氨酯保温层的压缩程度与压缩范围随之变化，因此内层钢管的弯曲曲率与管道系统外观的整体曲率并不一致。混凝土配重层的抗拉强度与抗压强度差别很大，弯曲受拉一侧很快开裂，因此管道系统中性层将不断偏移。若要分析出这些过程，有限元模型需要具备两个要素，其一是合理的混凝土材料模型，用于准确分析配重层的损伤；其二是管道系统各管层之间合理的约束关系。

混凝土损伤塑性模型（Concrete Damage Plasticity Model，CDPM）最早由Kachanov[7]提出，Rabotnov[8]与Lemaitre等[9-11]进行了发展完善。在混凝土结构损伤分析领域该材质模型解决了大量工程实际问题，获得了广泛的认可。模型假定混凝土材料主要因拉伸开裂和压缩破碎而破坏，与之对应的屈服或破坏面的形成分别由等效塑性拉应变和等效塑性压应变控制。模型同时引入受拉、受压两个弹性刚度损伤因子反映受拉、受压区混凝土进入软化阶段的刚度弱化。损伤塑性模型本构关系计算参数包括膨胀角ψ、流动势偏移值m、双轴极限抗压强度与单轴极限抗压强度比α_f、拉伸子午面和压缩子午面第二应力不变量之比γ以及黏性系数μ。参数ψ和m用以描述流动势函数形态；而α_f和γ用于描述屈服面的形成；损伤塑性模型中流动势函数则可表示为 Drucker–Prager 双曲函数[12]。

利用有限元软件 ABAQUS（6.9 版）分析表 2.3 所举管道系统单根的弯曲过程，分析中选用表 5.2 所示的混凝土材料性能参数[13]，及图 5.8 所示的损伤塑性模型本构关系曲线（包括单轴受拉应力—开裂应变曲线、单轴受压应力—非弹性应变曲线）与损伤因子曲线（包括单轴受拉损伤因子—开裂应变曲线、单轴受压损伤因子—非弹性应变曲线）[14]。采用三维 8 节点缩减积分单元 C3D8R 离散单钢保温管道的混凝土配重层和聚氨酯保温层，采用三维 4 节点壳单元 S4R 离散单钢保温管钢管层和聚乙烯防护层。采用位移控制的四点弯曲加载，利用管道变形的对称性，截取管道 1/4 部分建模，在截取位置模型取对称边界条件，模型另外一端利用耦合约束点定义铰支。

表 5.2 配重层混凝土材料性能参数
Table 5.2 Material properties of the concrete weighted coat

弹性模量 MPa	泊松比	密度 kg/m³	剪胀角 (°)
26480	0.167	2400	30
流动势偏移量	极限强度比	不变量应力比	黏滞系数
0.1	1.16	0.6667	0.0005

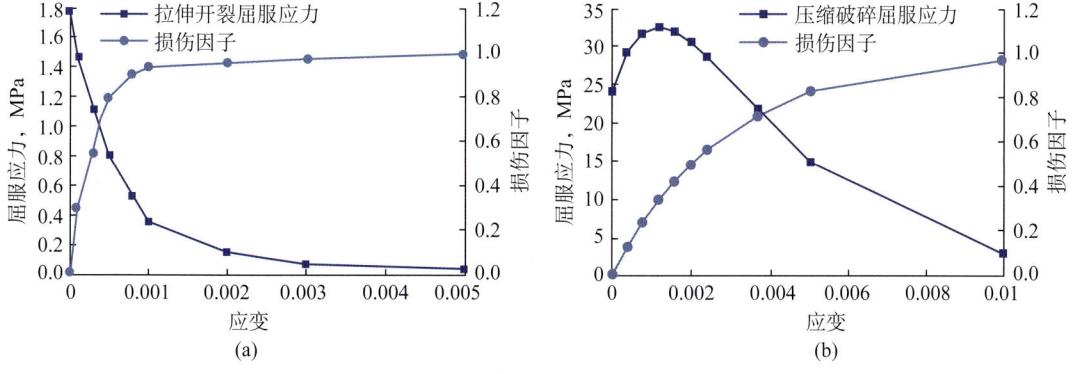

图 5.8 损伤塑性模型的本构关系曲线与损伤因子曲线
Figure 5.8 Constitutive curves and the damage factor curves of CDP model

随着加载位移的施加，管道单根模型纯弯曲段的曲率不断增加。分析至 775 步时（2G 内存、2GHz 主频计算机耗时 70 小时左右）内层钢管弯曲应力达到 X65 碳钢的屈服应力 448MPa，如图 5.9 所示。弯曲过程中随着配重层混凝土不断破坏，管道刚度不断下降，表 5.3 列出了若干加载步上载荷（模型端部约束反力）、加载弯矩、钢管层曲率之间的关联。

为方便研究管道系统的刚度，以内层钢管刚度值作参照，以无因次刚度比表征各个分析步上的管道整体刚度。忽略热缩套和所填充保温材料的刚度后，现场接头位置管道系统的刚度仅为内部钢管层的刚度，因此该位置的无量纲刚度比始终为 1.0。表 5.3 可见，在初始加载阶段，由于混凝土配重层未破坏，管道整体刚度最大，刚度比为 3.894，略大于混凝土配重层自身的刚度比 3.783。至钢管层屈服时刻（第 775 分析步），混凝土配重层已显著破坏，配重层拉伸开裂的损伤分布如图 5.10 所示，压缩破碎的损伤分布如图 5.11 所示，而此时单钢保温管道系统的刚度比为 1.149。

表 5.3 管道有限元模型的弯曲分析结果
Table 5.3 Bending Analysis Results of the CIF FE model

分析步	铰支点反力 kN	加载弯矩 kN·m	钢管层曲率 m^{-1}	模型刚度 MN·m²	无量纲刚度比 $\alpha = \dfrac{EI}{(EI)_0}$
9	1.68213	5.53730	8.0729e−004	6.8591	3.894
22	2.63302	8.66748	0.0025	3.4670	1.968
137	7.41615	24.4128	0.0073	3.3442	1.899
256	9.85024	32.4254	0.0118	2.7479	1.560
492	11.9253	39.2562	0.0172	2.2823	1.296
563	12.1272	39.9208	0.0185	2.1579	1.225
775	14.0172	46.1424	0.0228	2.0238	1.149

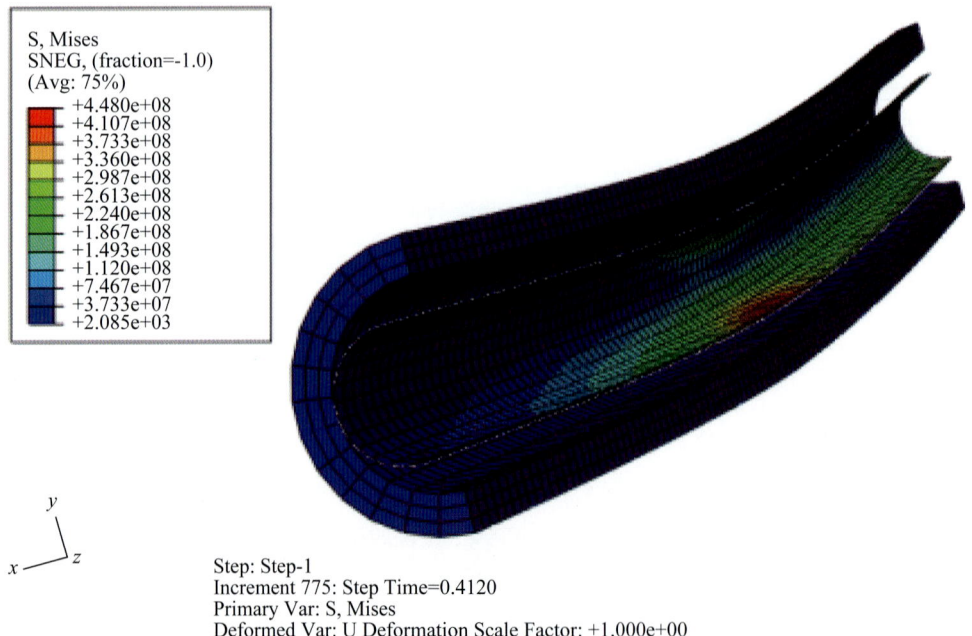

图 5.9 单钢保温管钢管层的弯曲屈服

Figure 5.9 Carrier pipe yielding when a CIF simple root bending

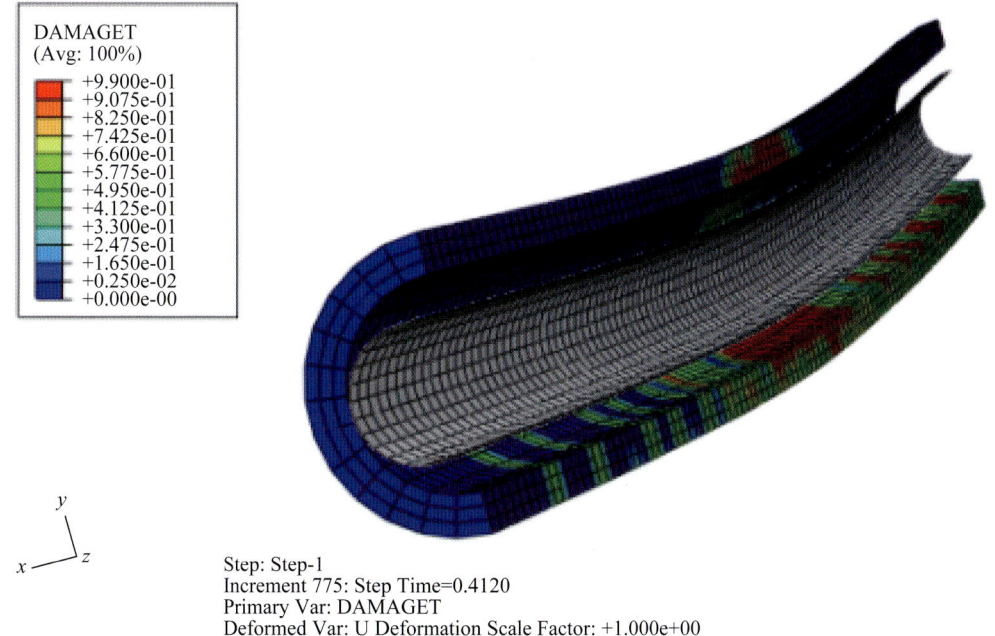

图 5.10 钢管层屈服时刻混凝土配重层的拉伸开裂损伤（可接受的拉伸损伤上限）

Figure 5.10 Tensile cracking of CIF concrete coat (the acceptable limit of tensile damage)

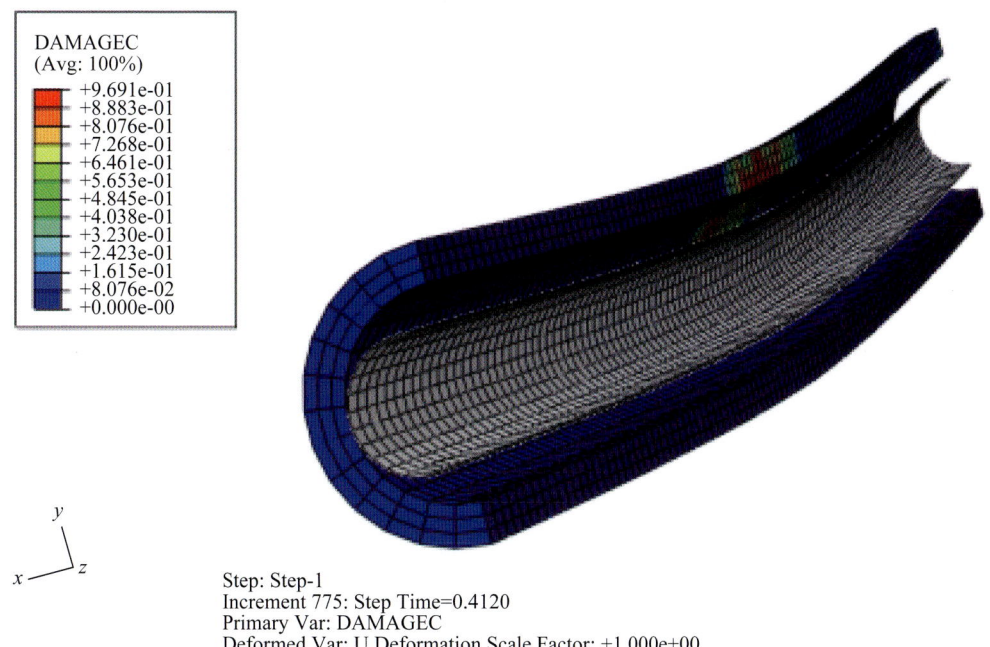

图 5.11 钢管层屈服时刻混凝土配重层的压缩破碎损伤（可接受的压缩损伤上限）

Figure 5.11 Compression crushing of CIF concrete coat (the acceptable limit of compression damage)

上述模拟过程表明，尽管单钢保温管道的外部混凝土层为配重设计，相关规范亦允许该层在管道安装过程及就位后出现一定损伤，但是如果配重层损伤是由管道弯曲引起的，那么这种损伤则是有限度的，配重层的过度损伤意味着内部钢管层可能因弯曲而屈服。以内部钢管层刚度为参照，图 5.12 给出了上述有限元分析得到的单钢保温管道单根随钢管层曲率加大而不断损伤配重层的弯曲刚度衰减曲线。

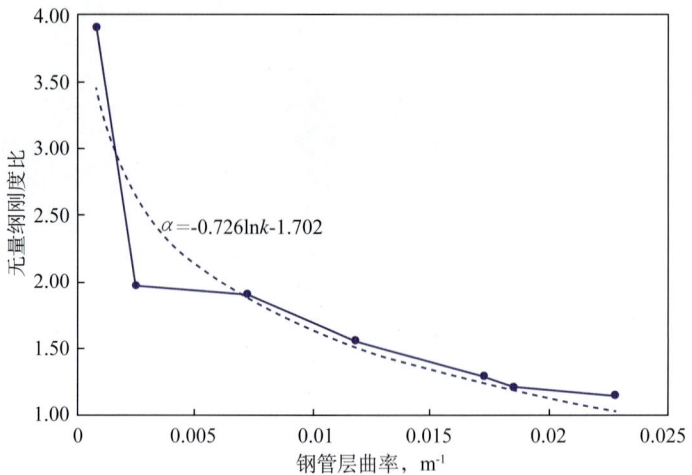

图 5.12　单钢保温管道单根随曲率增大而表现的弯曲刚度衰减

Figure 5.12　The dimensionless stiffness ratio of a CIF simple root

三、单钢保温管道垂向热屈曲的特征方程

类似 Rolf A/Gorm E 管道在其热屈曲失效位置所展现的，单钢保温管道一般具有如图 5.13 所示的典型的垂向屈曲构形，即管道现场接头部位由于刚度较低而出现在屈曲构形的顶点，并且伴随有热缩套的剪切滑脱。

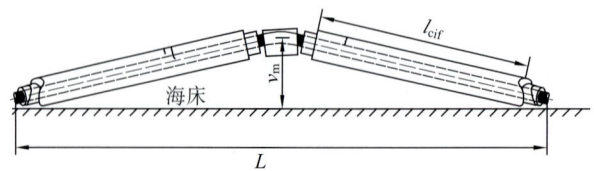

图 5.13　单钢保温管道的典型屈曲构形

Figure 5.13　The typical upheaval buckle of CIF systems

根据传递矩阵法，CIF 管道的现场接头段和混凝土配重段分别有下述传递矩阵表达式：

$$T_{\text{cif}} = \begin{bmatrix} 1 & \beta\dfrac{\sin r}{r} & \dfrac{\beta^2}{\alpha}\dfrac{1-\cos r}{r^2} & \dfrac{\beta^3}{\alpha}\dfrac{r-\sin r}{r^3} \\ 0 & \cos r & \dfrac{\beta}{\alpha}\dfrac{\sin r}{r} & \dfrac{\beta^2}{\alpha}\dfrac{1-\cos r}{r^2} \\ 0 & -\dfrac{\alpha}{\beta}r\sin r & \cos r & \beta\dfrac{\sin r}{r} \\ 0 & 0 & 0 & 1 \end{bmatrix}$$

$$\tilde{T}_0 = \begin{bmatrix} 1 & \dfrac{\sin r_0}{r_0} & \dfrac{1-\cos r_0}{r_0^2} & \dfrac{r_0 - \sin r_0}{r_0^3} \\ 0 & \cos r_0 & \dfrac{\sin r_0}{r_0} & \dfrac{1-\cos r_0}{r_0^2} \\ 0 & -r_0 \cdot \sin r_0 & \cos r_0 & \dfrac{\sin r_0}{r_0} \\ 0 & 0 & 0 & 1 \end{bmatrix}$$

其中

$$r_0 = \sqrt{\dfrac{P_c}{(EI)_0}} l_0$$

$$r_{\text{cif}} = \sqrt{\dfrac{P_c + P_\tau}{(EI)_{\text{cif}}}} l_{\text{cif}} = r$$

$$\alpha = \dfrac{(EI)_{\text{cif}}}{(EI)_0}$$

$$\beta = \dfrac{l_{\text{cif}}}{l_0}$$

式中　P_c——现场接头位置钢管层轴向力；

　　　P_c+P_τ——屈曲段之外管道钢管层的轴向力；

　　　l_0——管道现场接头的半长度（对表 2.3 的算例管道，$l_0=0.35$m）；

　　　l_{cif}——管道长度是参加垂向屈曲的管道段的半长度。

对发生垂向屈曲的单钢保温管道段来说，可以推出以下传递方程：

$$\underbrace{\tilde{T}_{\text{cif}}^n \tilde{T}_0^n \cdots \tilde{T}_{\text{cif}}^2 \tilde{T}_0^2 \tilde{T}_{\text{cif}}^1 \tilde{T}_0^1}_{2n \text{ matrix multiplier}} \begin{bmatrix} 0 \\ 0 \\ M \\ V \end{bmatrix}_{\text{apex}} = \begin{bmatrix} 0 \\ \theta \\ 0 \\ V \end{bmatrix}_{\text{TDP}} \quad (5.1)$$

对于最常见的仅包含一个现场接头的垂向屈曲构形来说，可得到以下行列式用于推导其特征方程：

$$\begin{vmatrix} a_{11} & a_{12} \\ a_{21} & a_{22} \end{vmatrix} = 0$$

其中

$$a_{11} = \dfrac{1-\cos r_0}{r_0^2} + \beta \dfrac{\sin r}{r} \dfrac{\sin r_0}{r_0} + \dfrac{\beta^2}{\alpha} \dfrac{1-\cos r}{r^2} \cos r_0$$

$$a_{12} = \dfrac{r_0 - \sin r_0}{r_0^3} + \beta \dfrac{\sin r}{r} \dfrac{1-\cos r_0}{r_0^2} + \dfrac{\beta^2}{\alpha} \dfrac{1-\cos r}{r^2} \dfrac{\sin r_0}{r_0} + \dfrac{\beta^3}{\alpha} \dfrac{r - \sin r}{r^3}$$

$$a_{21} = \cos r \cdot \cos r_0 - \dfrac{\alpha}{\beta} \dfrac{\sin r_0}{r_0} r \sin r$$

$$a_{22} = \frac{\sin r_0}{r_0}\cos r + \beta\frac{\sin r}{r} - \frac{\alpha}{\beta}\frac{1-\cos r_0}{r_0^2}r\sin r$$

因此 CIF 管道屈曲段的特征方程可表示为

$$\frac{\beta}{r\tan r_0} + \frac{1}{r_0\tan r} = (\frac{1}{\tan r \cdot \tan r_0} - \sqrt{\alpha})(1+\beta) \tag{5.2}$$

此外 CIF 管道屈曲段还需满足以下管层剪力条件：

$$r^2 - \frac{\beta^2}{\alpha}r_0^2 = \frac{\beta^2 l_0^2}{\alpha(EI)_0}P_\tau \leqslant \frac{\beta^3 l_0^3}{\alpha(EI)_0}p_{\tau\text{-ulti}} \tag{5.3}$$

式中　$p_{\tau\text{-ulti}}$——单位长度 CIF 管道上的管层极限剪力抗力，可取最薄弱界面或材质的破坏剪力。

对表 2.3 所举 CIF 系统而言，管层极限剪力抗力应为单位长度管段保温层与防护层界面的最大承载剪力。式 (5.3) 左端为双曲型方程，若以折算长度 r_0—r 为变量绘制图版，该双曲线焦点在 r 轴上，焦点坐标为 $(0, \pm\sqrt{(1+\frac{\beta^2}{\alpha})\frac{P_\tau}{(EI)_0}}l_0)$。将特征方程 (5.2) 的曲线绘制到同一图版上将得到两簇相交曲线，如图 5.14 所示。这两簇曲线的交点实际上是屈曲过程中某管层或其界面剪切破坏的路径。

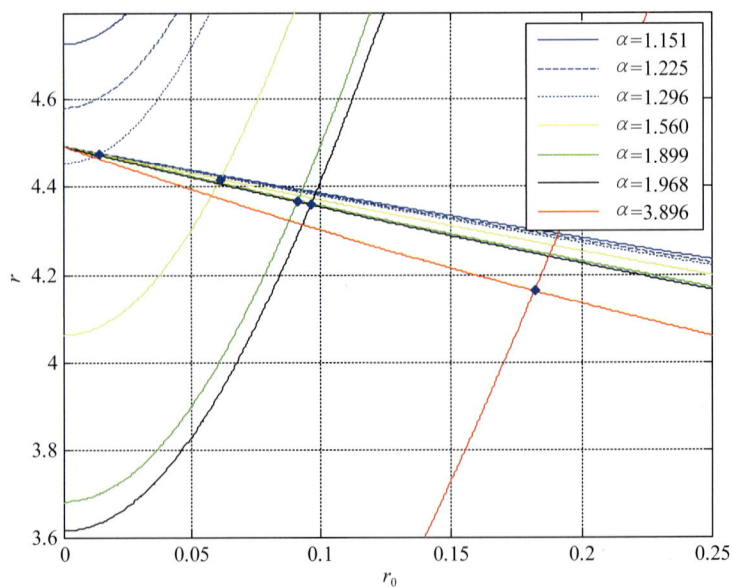

图 5.14　含一个现场接头的单钢保温管道垂向屈曲构形的特征曲线
Figure 5.14　Characteristic Curves of a CIF buckle with one Field Joint

埋设的单钢保温管道可将其配重层视为完全约束。热屈曲过程中某管层内或某管层界面的剪力可由屈曲段外紧邻平管段与屈曲段中现场接头两位置的钢管层轴向力差计算，表示为

$$P_\tau = \zeta \cdot \beta l_0 p_{\tau\text{-ulti}} = \frac{(EI)_0}{l_0^2}\left(\frac{\alpha}{\beta^2}r^2 - r_0^2\right) \tag{5.4}$$

此处引入无量纲因子 ζ ($0 \leqslant \zeta \leqslant 1$) 描述剪切变形程度,当 $\zeta=1$ 时,管道屈曲段内的剪力达到管层的极限剪力抗力,若剪切失效发生,ζ 值降为零。

四、单钢保温管道垂向热屈曲的校核

如果 q 是单位长度管道的沉没重量,根据经典的线弹性垂向挠曲线方程[15],单钢保温管道屈曲段的挠曲方程可近似给作:

$$v = \frac{q l_{\text{cif}}^4}{(EI)_{\text{cif}} r^4}\left[1 + \frac{r^2 L^2}{8 l_{\text{cif}}^2} - \frac{r^2 x^2}{2 l_{\text{cif}}^2} - \frac{\cos(rx/l_{\text{cif}})}{\cos(rL/2l_{\text{cif}})}\right] \tag{5.5}$$

实际上式 (5.5) 是以下控制方程及边界条件的解:

$$(EI)_{\text{cif}} v'''' + (P+P)v'' + q = 0$$
$$v(\pm L/2) = v'(\pm L/2) = 0$$

假设屈曲段两侧管段上的海床摩擦力已得到充分发展,根据轴向力平衡和管道屈曲变形几何相容条件有下述两平衡方程:

$$P - (P_c + P_\tau) = \frac{\phi_A q L}{2} + \phi_A q L_s \tag{5.6}$$

及

$$\frac{(P-P_c)L}{2AE} - \frac{P_\tau L}{4AE} + \frac{\phi_A q L_s^2}{2AE} = \int_0^{L/2}\frac{1}{2}\left(\frac{dv}{dx}\right)^2 dx - \int_0^{L_0/2}\frac{1}{2}\left(\frac{dv_0}{dx}\right)^2 dx \tag{5.7}$$

式中 AE——内部钢管层的拉伸刚度;

ϕ_A——滑移长度 L_s 上管道海床之间的轴向摩擦系数;

v_0——管道垂向初始不直度的幅值。

方程 (5.7) 右端两项积分的差值代表了两侧直管段相向运动"加入"屈曲段的位移量,该值等于 $(l_{\text{cif}}+l_0)-L/2$。

若忽略初始不直度曲率的影响,方程 (5.7) 右端带入挠曲函数 (5.5) 求积分可以表示为

$$\int_0^{L/2}\frac{1}{2}\left(\frac{dv}{dx}\right)^2 dx - \frac{L}{2} = \frac{rL - 5l_{\text{cif}}\sin(rL/l_{\text{cif}})}{2r[1+\cos(rL/l_{\text{cif}})]} + \frac{r^2 L^3}{24 l_{\text{cif}}^2} + \frac{L}{2} \tag{5.8}$$

用方程 (5.8) 替代右端并简化掉左端的剪力项后,方程 (5.7) 可化为屈曲控制方程:

$$\frac{P-(P_c+P_\tau)}{2AE}L + \frac{\phi_A q}{2AE}\left[\frac{P-(P_c+P_\tau)}{\phi_A q}-\frac{L}{2}\right]^2 = \frac{\sqrt{\frac{P_c+P_\tau}{\alpha EI}}L - 5\sin\left(\sqrt{\frac{P_c+P_\tau}{\alpha EI}}L\right)}{2\sqrt{\frac{P_c+P_\tau}{\alpha EI}}\left[1+\cos\left(\sqrt{\frac{P_c+P_\tau}{\alpha EI}}L\right)\right]} + \frac{(P_c+P_\tau)L^3}{24\alpha EI} + \frac{L}{2} \tag{5.9}$$

因此屈曲段紧邻平管段钢管层的轴向力 (P_c+P_τ) 可被视作屈曲波长 L 与弯曲刚度比 α 的函数。

根据屈曲构型表达式 (5.5)，管道屈曲幅值为

$$v_m = \frac{qL^2}{8(P_c+P_\tau)} + \frac{q(EI)_{cif}}{(P_c+P_\tau)^2}\left[1 - \frac{1}{\cos(rL/2l_{cif})}\right] \tag{5.10}$$

屈曲管段弯矩：

$$M = (EI)_{cif} \cdot v'' = \frac{ql^2_{cif}}{r^2}\left[\frac{\cos(rx/l_{cif})}{\cos(rL/2l_{cif})} - 1\right] \tag{5.11}$$

屈曲段内钢管层在现场接头位置具有最大弯矩：

$$\hat{M}_{FJ} = (EI)_{cif} \cdot v'' = \frac{ql^2_{cif}}{r^2}\left[\frac{1}{\cos(rL/2l_{cif})} - 1\right] = \frac{q\alpha(EI)_0}{P_c+P_\tau}\left[\frac{1}{\cos\left(\sqrt{\frac{P_c+P_\tau}{\alpha(EI)_0}}\frac{L}{2}\right)} - 1\right] \tag{5.12}$$

考虑到弯曲刚度折减，现场接头位置的弯曲曲率为

$$\hat{\kappa}_{FJ} = \frac{ql^2_{cif}}{r^2(EI)_0}\left[\frac{1}{\cos(rL/2l_{cif})} - 1\right] = \frac{q\alpha}{P_c+P_\tau}\left[\frac{1}{\cos\left(\sqrt{\frac{P_c+P_\tau}{\alpha(EI)_0}}\frac{L}{2}\right)} - 1\right] \tag{5.13}$$

屈曲后管道钢管层的危险截面在现场接头位置，考虑到中性层的偏移，有

$$\hat{\sigma}_{Caxial} = \frac{\hat{M}_{FJ}}{W_0} - \frac{P_c}{AE} = \mp\frac{32\hat{M}_{FJ}}{\pi D_C^3(1-\beta^4)} \cdot \frac{D_C \pm 2e}{D_C} - \frac{P_c}{AE} \tag{5.14}$$

$$\beta = (D_C - 2T_C)/D_C$$

式中正负号取决于应力的方向。

输送压力引起的环向应力为

$$\sigma_{Choop} = \frac{pD_C}{2T_C}$$

式中　p——管道内部介质与水下环境之间的正压差。

现场接头位置钢管层上边缘的 Tresca 应力为

若 $\hat{\sigma}_{Caxial}>0$，则 $\hat{\sigma}_{CTresca-upper} = \frac{pD_C}{2T_C}$；

若 $\hat{\sigma}_{Caxial}<0$，则

$$\hat{\sigma}_{CTresca-upper} = \frac{pD_C}{2T_C} + \frac{32\hat{M}_{FJ}}{\pi D_C^3(1-\beta^4)} \cdot \frac{D_C + 2e}{D_C} + \frac{P_c}{AE} \tag{5.15}$$

现场接头位置钢管层下边缘的 Tresca 应力为

$$\hat{\sigma}_{\text{CTresca-lower}} = \frac{pD_C}{2T_C} - \frac{32\hat{M}_{\text{FJ}}}{\pi D_C^3(1-\beta^4)} \cdot \frac{D_C - 2e}{D_C} + \frac{P_c}{AE} \quad (5.16)$$

以上两个方程中 $\hat{M}_{\text{FJ}}$ 为负值，P_c 为正值。

作为屈曲波长 L 的函数，利用式 (5.9) 得到 (P_c+P_τ) 的显示表达较为困难，但当输送温度、压力确定，钢管层轴向力 P 为已知时同样可绘制出求解图版，如图 5.15 所示，其中管道承担的温度荷载为 65℃，钢管层轴向力为 0.863MN。

再考虑图 5.12 的拟合函数 $g(\kappa)$，该函数表征了管道混凝土配重段曲率与其无量纲刚度比 α 之间的对应关系，有

$$\alpha = g(\bar{\kappa}) = g\left(\frac{2}{L}\int_0^{L/2}\kappa\,dx\right) = g\left\{\frac{q}{P_c+P_\tau}\left[\frac{1}{\sqrt{\frac{P_c+P_\tau}{\alpha(EI)_0}}\frac{L}{2}}\tan\left(\sqrt{\frac{P_c+P_\tau}{\alpha(EI)_0}}\frac{L}{2}\right)-1\right]\right\} \quad (5.17)$$

若选用对数函数拟合图 5.12 的关系曲线，例如 $g(\kappa)=-0.726\ln(\kappa)-1.702$，方程 (5.17) 与方程 (5.9) 曲线簇的交点如图 5.15 所示，这些交点近似地刻画出了单钢保温管道的热屈曲路径。

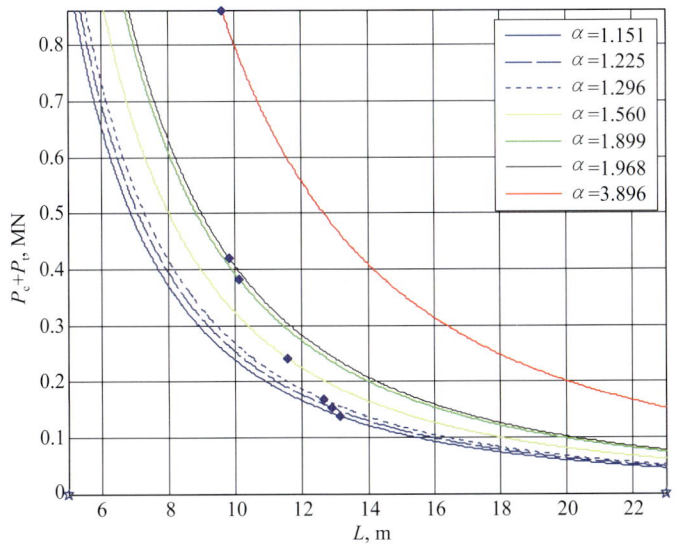

图 5.15　单钢保温管道屈曲段轴向力与屈曲波长关系曲线
Figure 5.15　The Axial force and buckle length relationship curves for CIF buckles

管道屈曲构型的半长度等于 ($l_{\text{cif}}+l_0$)，由式 (5.8) 的弧长积分可以计算出进入屈曲段的混凝土配重管段长度 l_{cif}，即

$$l_{\text{cif}} + l_0 = \int_0^{L/2}\frac{1}{2}\left(\frac{dv}{dx}\right)^2 dx = \frac{\sqrt{\frac{P_c+P_\tau}{\alpha(EI)_0}}L - 5\sin\left[\sqrt{\frac{P_c+P_\tau}{\alpha(EI)_0}}L\right]}{2\sqrt{\frac{P_c+P_\tau}{\alpha(EI)_0}}\left\{1+\cos\left[\sqrt{\frac{P_c+P_\tau}{\alpha(EI)_0}}L\right]\right\}} + \frac{(P_c+P_\tau)L^3}{24\alpha(EI)_0} + L \quad (5.18)$$

因此图 5.15 中 7 个交点的 l_{cif} 值可以根据方程 (5.18) 计算出来。回到特征方程 (5.2)，可以求出中间变量 r_0，再由方程 (5.4) 即可计算出各交点状态的剪力损伤因子 ζ。表 5.4 列出了图 5.15 中 7 个交点的剪切校核结果，此时屈曲段两侧管道滑移段内的管层界面剪力可计算为 $P-(P_{\text{c}}+P_{\text{τ}})$。

表 5.4 单钢保温管道的屈曲分析结果
Table 5.4 Buckling Analysis Results of the Cased Insulated Flowline systems

无量纲刚度比 $\alpha=EI/(EI)_0$	L	l_{cif}	$r/4$	$r_0/4$	ζ
3.896	9.63	4.478	1.1228	0.4107	9%
1.968	9.86	4.721	1.1611	0.2910	20%
1.899	10.13	4.865	1.1622	0.2843	23%
1.560	11.58	5.724	1.1982	0.2652	36%
1.296	12.66	6.321	1.2118	0.2296	52%
1.225	12.90	6.447	1.2120	0.1998	59%
1.151	13.17	6.597	1.2148	0.1906	68%

本节符号说明（Notation）

P_{c}——现场接头位置的钢管层轴向力；

$P_{\text{c}}+P_{\text{τ}}$——CIF 屈曲段两侧紧邻位置钢管层轴向力；

l_0——CIF 现场接头半长度；

l_{cif}——进入屈曲段的 CIF 管道段的半长度；

AE——钢管层的拉伸刚度；

$(EI)_0$——钢管层的弯曲刚度；

κ——钢管层的弯曲曲率；

α——无量纲刚度比；

β——无量纲长度比；

ϕ_{A}——海床管道之间的轴向摩擦系数；

L——CIF 管道屈曲波长；

L_{s}——CIF 管道屈曲段两侧的滑移管段长度；

v_0——CIF 管道初始不直度的挠曲函数；

v_{m}——最大屈曲幅值；

ζ——剪力损伤因子；

$p_{\text{τ-ulti}}$——单位长度管长管层界面的极限剪力抗力。

本章小节

（1）惠州 25-3/1 双钢管道系统跨越段的热屈曲分析表明，跨越构形的存在相当于管道具有了垂向的初始铺设挠度，因此双钢管道系统跨越段发生垂向屈曲的临界载荷低于其平管段发生侧向屈曲的临界载荷；跨越管道垂向屈曲后不仅引发显著的应力集中，还有可能发生模态跃迁，导致管道倾倒，本章的分析同时给出了惠州管道跨越构形保持垂向稳定所需要的沉垫组约束反力及约束反力矩。

（2）由于混凝土配重层的拉伸开裂与压缩破碎，单钢保温管道的弯曲刚度在其热屈曲过程中体现出显著的曲率相关非线性。结合弯曲刚度的非线性特征，本章提出的图解法能够分析屈曲过程中单钢保温管道的轴向力及诸管层之间剪力的变化。混凝土配重层的不连续使管道现场接头成为后屈曲应力集中位置，因此单钢保温管道的屈曲控制准则需要针对现场接头位置钢管层的应力应变建立。

（3）对单钢保温管道而言，避免垂向屈曲所需的最小埋设深度，埋设后循环热荷载引起的垂向蠕动屈曲（Progressive Upheaval Creep）[16]以及管道铺设不直度对屈曲的影响均需要结合具体的管土作用关系进一步研究。

参考文献

[1] Morris W W, Kaplan K B, Muhs S H. New technology in insulated offshore pipelines-design and installation. Offshore Technology Conference, Houston, Texas, USA (OTC 3476), 1979.

[2] Nielsen N-J R, Lyngberg B. Upheavel Buckling Failures of Insulated Buried Pipelines: A Case Story. Offshore Technology Conference, Houston, Texas, USA (OTC 6488), 1990.

[3] Pedersen P. Terndrup, Jensen J. Juncher. Upheaval Creep of Buried Heated pipeline with Initial imperfections. J. of Marine Structures, 1988, 1: 11-22.

[4] Pedersen P. Terndrup, Michelsen J. Large Deflection Upheaval Buckling of Marine Pipelines. Proc. Behaviour of Offshore Structures (BOSS), Trondheim, Norway, 1988, 3: 965-980.

[5] David A S, David J W, Malcolm C, et al. Pipe-soil interaction during lateral buckling and pipeline walking—the SAFEBUCK JIP. Offshore Technology Conference, Houston, Texas, USA (OTC 19589), 2008.

[6] Zhao Tianfeng, Duan Menglan, Pan Xiaodong, et al. Lateral buckling of non-trenched high temperature pipelines with pipelay imperfections. Petroleum Science, 2010, 7(1): 123-131.

[7] Kachanov L M. On creep rupture time. Izv Akad Nauk, 1958, 8: 26-31.

[8] Robotnov Y N. Creep rupture. Proceeding of ICAM-12, Stanford USA, 1968: 342-349.

[9] Lemaitre J. Evaluation of dissipation and damage in metals submitted to dynamic loading. Proceeding of ICAM-1, Japan, 1971.

[10] Lemaitre J, Chaboche J L. A nonlinear model of creep-fatigue damage cumulation and interaction. Proceeding of TUTAM Symposium of Mechanics of Viscoelasticity Media and Bodies. Gotenbourg, Sweden:Springer-Verlag, 1974.

[11] Lemaitre J, Desmorat R. Engineering Damage Mechanics//Ductile, Creep, Fatigue and Brittle Failures. Berlin, Heidelberg: Springer-Verlag, 2005.

[12] Lubliner J and Oliver S. A Plastic-damage model for concrete. International Journal of

Solids Structures, 1989, 25: 299-326.

[13] 张劲,王庆扬,胡守营,等. ABAQUS 混凝土损伤塑性模型参数验证. 建筑结构, 2008, 38(8): 127-130.

[14] ABAQUS. Theory Manual Version 6.9. H.K.S., 2009.

[15] Hobbs R E. Pipeline buckling caused by axial loads. Journal of Constructional Steel Research, 1981, 2(1): 2-10.

[16] Pedersen P T, Jensen J J. Upheaval creep of buried heated pipeline with initial imperfections.Marine Structures, 1988, 1(1): 11-22.

[17] 赵天奉,段梦兰,潘晓东,等. 双层海底管道跨越设计的垂向屈曲研究. 中国海上油气, 2010, 22(3): 197-201.

第六章 高温海底管道抗屈曲设计的新方法

热屈曲一直是困扰海底管道安全的难题，高温超高温介质的长距离输送更对管道的热稳定设计提出了挑战。高温海底管道的抗屈曲设计理念有两种，一种是直接避免热屈曲的发生，另一种是限制热屈曲发生的幅度，前者一般通过降低管道温度、增加管道抗弯刚度或增加管道约束力实现；后者允许管道在一定范围内发生屈曲，但要将热屈曲的位移及应力应变控制在允许范围内。

本章通过理论论证和算例检验，在计算分析的基础上完善了高温管道预热埋设方案的设计过程，提出了新的分阶段两次挖沟预热止屈措施，进一步验证了前述章节给出的高温管道热屈曲分析方法。

第一节 抗屈曲设计的工程现状和研究背景

可能发生的垂向或侧向屈曲增加了高温管道的设计难度，甚至成为高温输送能否实现的瓶颈。各国工程技术人员为此付出了很大的努力，在一些高温管道项目中成功避免了热屈曲的发生，但仍有许多管道因为设计之初没能够充分估计到热屈曲的风险或者输送条件发生了变化而致使管道热变形超出预期范围，甚至发生了灾难性的管道泄漏。

屈曲失效隐患限制了高温管道设计空间，直接制约了稠油的远距离输送。为此寻找经济有效的高温管道抗屈曲设计方法始终是该领域的关键，现阶段高温管道抗屈曲措施主要有以下几种：

（1）介质经热交换器预冷后再进入海底管道，降低管道的热荷载。

（2）在横向或垂向上增加对管道的约束，如加大埋深，涂敷混凝土层增加管道重量和摩擦力，在管道上方堆积石块。

（3）采用双钢管或管束增加管道的抗弯刚度。

（4）通过铺设过程中的牵引或者使用前的预热在管道中产生预张力。

（5）蛇形铺设管道。

上述抗屈曲措施是从以下几个方面着手来解决高温管道热屈曲问题的：

措施（1）是通过降低介质温度的办法来避免管道发生屈曲破坏，即将热荷载降低到管道的现有承载能力范围内。

措施（2）与措施（3）通过增加约束或管道自身抗弯刚度来提高管道的临界屈曲载荷，并使其高于管道的设计热荷载，以达到避免屈曲发生的目的。

措施（4）利用管道内保留的预张力部分抵消高温输送过程中管道内的轴向力，从而达到保持管道稳定的目的。

措施（5）则是通过在预定位置提供初始挠度，利用多处小幅度的侧向屈曲释放管道内轴向力，从而达到保持管道稳定的目的。

表 6.1 列举了上述技术措施的作用、缺点、造价以及实际应用情况，其中将工程造价高低分成了 7 个等级，1 等意味着相对最低成本，7 等意味着相对最高成本。

表 6.1　各种高温输送解决方案的比较
Table 6.1　Contrast of methods dealing with high temperature

方法或措施	作用	缺点	造价	工程应用
预冷	减轻热荷载	需要原油冷却装置并要避免低温条件下石蜡成分沉积及水合物的形成	3	Shell Mallard 油田和 Erskine-2 油田
增加约束	提升临界屈曲载荷	成本高，实施受限制	6	广泛用于北海，控制垂向屈曲
双钢管道	增加弯曲刚度；限制屈曲幅度	增加造价和建造难度	7	Franklin（160℃）油田
预拉力	减轻热荷载	管道使用前的高温预热	2	Glamis 油田
蛇形铺设	释放热轴力	需要有效的屈曲控制，铺设过程复杂化	4	Petrobras 油田新管道
采用双钢管道并配以其他措施	埋入海床	需要确定最小埋设深度	—	Shell Mallard 油田
	海床上铺设	需要有效的屈曲控制		Erskine-1 油田和 King 油田
	采用热补偿器	安装困难，增加造价		Heron 油田和 Jade 油田

其中，措施（1）并没有提高管道自身的温度承载能力，多数情况下介质的输送温度是从流动保障角度提出的客观工艺要求，因此只有当原油产出温度高于工艺的要求温度而后者又在管道热承载能力范围内时，降温措施才是可行的。

措施（2）与措施（3）是工程上经常采用的热屈曲抑制方案。措施（2）中的埋设方案受到海床地质条件和挖沟施工技术的限制，并增加了管道投产后检测、监测与维修的困难。在管道外涂敷混凝土层增大了铺管船铺设作业的难度。对长距离的高温输送管道来说在管道上方堆积石块的屈曲抑制措施明显造价过高。措施（3）是我国海上油田现阶段常采用的高温输送解决方案，并以双钢结构为主。尽管双钢结构能够抑制管道热屈曲发生的幅度，但双钢管道系统在高温荷载下的后屈曲特性仍有待进一步研究（详见第四章）。

措施（4）与措施（5）是新的高温海底管道抗屈曲措施，相比增加约束或采用双钢管道结构（或管束结构）而言，其成本相对较低，但其设计分析比较复杂，相关设计理论仍存在有很多空白等待完善，因此从总体上来看措施（4）与措施（5）目前尚处于探索阶段。但是长远看来，在铺设难度接近极限的深水水域，类似措施（4）与措施（5），利用小幅度的侧向屈曲释放高温轴向力的措施，几乎是解决深水长距离高温输送的唯一途径，因此侧向屈曲（或者预屈曲）方法最具有应用潜力，是现阶段的研究前沿。

实践中，很多高温管道项目也曾试图采纳侧向屈曲解决方案，但是迫于工期的限制多数项目最终都是采用了保守解决方案（Fall-back solutions），因此这些管道的高温热屈曲问题依然没有彻底解决。还有的项目没能尽早地确认管道的热屈曲风险，致使后期不得不对设计进行了更改，增加了项目的费用。也有管道在投产后出现了问题，例如在北海、西非和巴西共发生了 3 次灾难性的管道破裂，其中北海和西非的管道事故是由于设计阶段没有考虑到潜在的屈曲风险；巴西的管道事故是由于抗屈曲措施不到位，埋设深度不足，导致管道在软土层中发生了垂向屈曲。

事实上，如果采用侧向屈曲作为高温输送的解决方案，那么有两个最为关键的问题需要加以解决，一是如何控制（预）屈曲发生的位置，另一个是如何控制（预）屈曲发生的幅度及所引起的应力集中。

第二节　侧向（预）屈曲方案的研究目标和相关技术

图 6.1 给出了某条发生侧向屈曲的海底管道声呐图像，对于非埋设管道来说，类似的侧向屈曲事实上经常发生，而且一般只会导致较小的应变，并不会产生破坏性的后果。因此管道中长波长、小幅度、缓慢发生的侧向屈曲实际上是可以接受的，由此产生了利用可接受的侧向屈曲释放高温轴向力避免剧烈破坏性屈曲发生的设计解决方案。

若想实现上述目标，首先需要在理论上回答以下几个问题：

（1）如何界定侧向（预）屈曲的可接受范围。就一条具体的管道而言也就是需要回答，什么样的侧向屈曲是可以接受的，是可以用于释放热荷载引发的轴向力的。

（2）在管道路由的什么位置上及如何获得上述侧向（预）屈曲，管道正式承担热荷载后，这些屈曲能否保持稳定，不发生贯通或者模态上的跃迁。

（3）如何分析正式承担输送荷载后的管道后屈曲行为以及如何准确地分析出侧向（预）屈曲解决方案的实施效果。

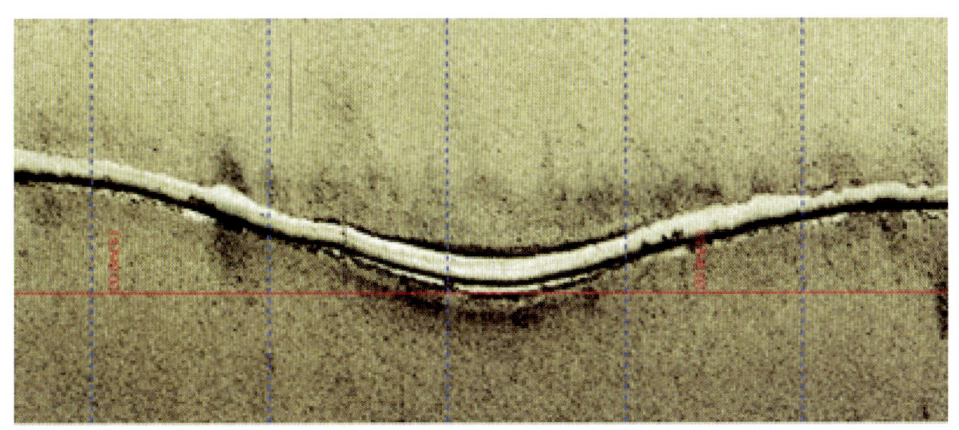

图 6.1　侧向屈曲的声呐图像

Figure 6.1　Side-scan sonar image of a lateral buckle

侧向（预）屈曲解决方案首先要求能够控制管道中侧向屈曲的发生位置和幅度，其中对屈曲幅度的控制需要在详细分析的基础上通过选择合适的（预）热荷载来实现，而管道路由上侧向屈曲发生位置的选定则需要落实具体的铺设技术才能实现。事实上，如果放弃对屈曲位置的选择，那么就意味着管道中将会发生更少的和更任意的屈曲，而这对多数高温管道来说是不可以接受的。因此侧向（预）屈曲解决方案通常需要一个具体的屈曲初始化技术提供支持，目前有以下技术可用于在选定间距上诱发屈曲[1]：蛇行铺设技术

（Snake-lay，图6.2）；垂向扰动技术（Vertical upset，图6.3）；分布浮力技术（Distributed buoyancy，图6.4），以及新近在卷轴铺设中实现的小尺度扰动技术[2]。

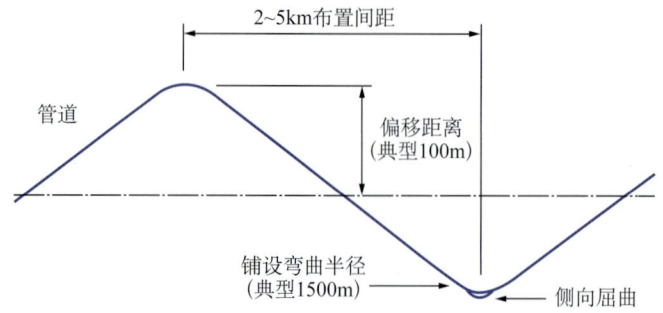

图6.2 典型的蛇形铺设（垂向尺度放大显示）
Figure 6.2　Typical snake lay configuration (exaggerated vertical scale)

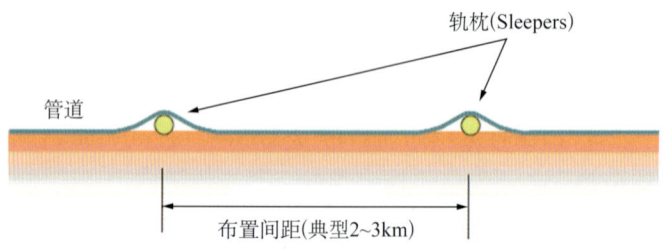

图6.3 应用轨枕（Sleeper）实现屈曲初始化
Figure 6.3　Buckle initiation using sleepers

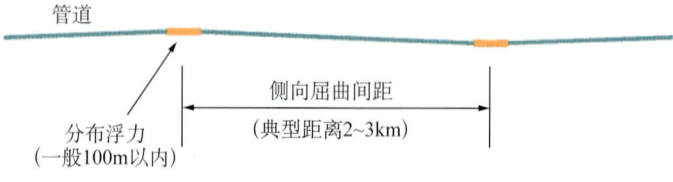

图6.4 施加分布浮力实现屈曲初始化
Figure 6.4　Buckle initiation using distributed buoyancy

上述屈曲初始化技术中蛇行铺设技术得到了最多的应用，若干高温管道项目业已为该技术的实施积累了支持性数据。分布浮力技术通过减轻浮筒位置处管道的重量和减少管道与海床的接触面积而诱发侧向屈曲，该技术在近期刚刚得到应用，目前尚没有投产管道的监测数据。垂向扰动技术则是通过在沉管位置处弱化海床的侧向约束来诱发屈曲，该方法目前只有少量的监测数据。卷轴铺管船上实施小尺度扰动铺设的相关装备目前正处在专利申请阶段（美国，2013年8月公开）。受篇幅限制以上技术的具体细节本节不再作详细阐述。

研究认为，管道的自然属性是通过屈曲来释放管壁中的高轴向力，而由此引发的屈曲具有不同的后果，一些是可以接受的，而另一些则是灾难性的，如果能够控制管道屈曲发生的幅度和形态，进而利用那些可以接受的屈曲来释放管道中的轴向力，即改强行抑制屈曲为控制利用屈曲，将为解决高温输送问题开辟最有效途径。

本章首先研究了侧向（预）屈曲解决方案中的预热埋设技术，从理论和应用角度就实现该技术所涉及的侧向预屈曲布置、预热温度选择和工艺效果评价进行了详细阐述。事实上尽管设计理论尚未完善，预热埋设技术在 Glamis 油田高温管道项目中就已经获得了成功[3]。Glamis 油田管道外径为 6.625in，壁厚为 22mm，管外为高分子材料的保温层。为了避免发生破坏性的屈曲，管道铺设完毕后先用 75℃ 热水对其进行了预热，使管道发生了弹性范围内的侧向预屈曲，然后再将管道埋设在屈曲后的位置上，待冷却后，管道的回弹受到限制从而在管道内引发了初始拉应力。预热后，Glamis 管道的屈曲长度为 30～45m，侧向屈曲的位移幅值为 0.9～1.9m，屈曲间距为 200～960m，投入使用后在 103℃ 的热荷载下，管道屈曲位置的侧向位移增加了 0.5m。

Glamis 管道的成功经验证明，预热埋设技术能够在管道内事先保存一定的预拉应力，降低管道投产后的轴向力，从而提升管道的热载荷承受能力，与直接埋设的高温管道相比，管道垂向上的热稳定性显著增强。受到当时分析条件的限制，Glamis 管道的预热设计并不是建立在计算分析的基础上，而是根据附近一条业已存在的结构完全相同的高温管道的屈曲调查结果对比选择的预热温度和埋设深度。

本章深入分析了预热埋设技术的实施过程，首次在计算分析的基础上给出了预热埋设方案的设计方法。事实上，在选择预热温度时，Glamis 管道的设计人员已经认为经典的热屈曲线性解析公式过于保守，他们通过调查该油田相同结构管道的屈曲现状，重新估计了 Glamis 管道的侧向屈曲临界温度，并最终获得了成功。本章主要从以下两个方面开展研究，一是当不具备可供参考的管道屈曲调查数据时，如何通过非线性计算分析得到更接近实际的管道临界屈曲载荷，从而安全地应用该技术；其二，对于准备挖沟埋设避免垂向屈曲的管道，如何通过该技术的实施来减少埋设深度，以及如何分析出实施该技术后的最小埋设深度。

第三节　预热屈曲埋设技术

预热屈曲埋设技术的实施首先是对管道进行预热，使管道在海床上发生安全范围内的侧向预屈曲，之后维持预热将管道埋设在海床上对其预屈曲形变进行约束，最后再终止预热冷却管道，此时管道的收缩回弹将被限制，管壁内将会保留有预张力。保留的预张力将能够部分抵消管道投产后高温荷载引发的轴向力，从而降低管道发生破坏性屈曲的风险。因此，相比直接埋设的管道，预热屈曲后埋设的管道就可以埋得更浅而不发生垂向屈曲。该技术要求管道的预屈曲形变必须控制在弹性范围内，同时实施后应尽可能在管道内保留有高的预张力。

Glamis 管道的预热设计参考了同一海域结构相同管道的垂向屈曲调查结果，并取得了很好的效果，但是若想实现一般性的预热设计就需要对预热载荷下管道的屈曲过程做深入研究了。

从 Hobbs 的经典线弹性解开始，研究管道垂向屈曲的分析模型不断出现，但大多数研究局限于通过增加约束和减少铺设初始挠度来避免管道发生垂向屈曲。预热屈曲埋设技术则需要依靠预张力去抵消高温输送过程中的高轴向力，避免可能出现的剧烈破坏性屈曲，因此仅计算管道的临界屈曲载荷是不够的，还需要细致地分析出管道在预热荷载下的后屈曲应力应变状态，并由此选择出合适的预热温度。

因此该措施的实施，工程上主要有两点需要注意，其一是要避免预热产生剧烈的破坏性屈曲，即要利用屈曲初始化技术确保管道预屈曲时不发生屈服；其二是要保证预热生成侧向屈曲的稳定，即要避免相临预屈曲间的汇合或是诱发垂向屈曲，因为前者将会损失管道内最终保留的预张力，后者则无法实施埋设。

一、屈曲初始化的影响

图 6.5 给出了在 100m 屈曲初始化段内（假设采用蛇形铺设初始化技术，以下同）管道铺设挠度的最大侧向偏移量从 2.0m 到 9.0m 时，文昌 8-3A 至文昌 14-3A 管道预热屈曲的弧长—载荷比例因子曲线簇（假设屈曲初始化后得到的管道挠度形态近似于管道的 1 阶屈曲模态，分析模型共模拟了 650m 管道长度；分析中将 50℃的变温作为参考载荷定义载荷比例因子）。

该曲线簇表明如果以侧向位移作为预屈曲的考量指标，比如要求 0.5m 的预屈曲侧向位移幅值，不同铺设挠度所需要的预热温度是不同的，大初始挠度的管道段为获得 0.5m 的侧向位移需要更高的温度载荷。从这一点来看，大初始挠度的管道段似乎更难获得预期的屈曲变形，但事实上，只有预屈曲所获得的管壁上的轴向应变才起到实际的抗屈曲作用。图 6.6 给出了预屈曲过程中屈曲段两侧管道的轴向位移曲线，该曲线表明相同温度荷载下大初始挠度管道段预热所获得的管壁内轴向应变也将会更大，例如当预热温度为 43.425℃时，初始挠度幅值为 9.0m 的管道段将获得 0.1256m 的轴向伸长。

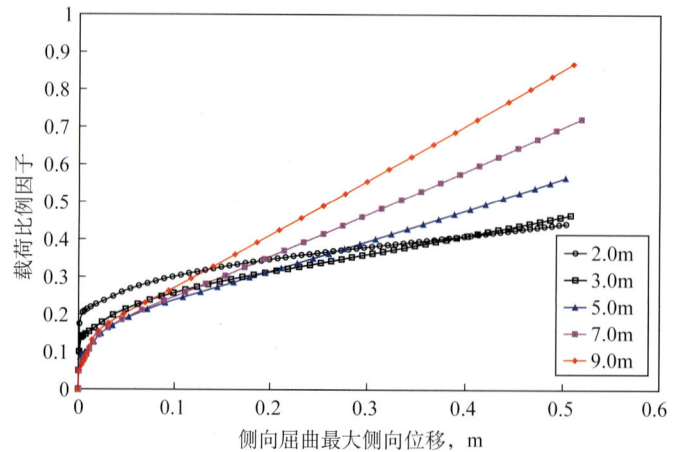

图 6.5 2.0～9.0m 初始挠度下，侧向预屈曲的最大侧向位移—载荷比例因子曲线

Figure 6.5 LPF vs. maxi.lateral disp. curves, 2.0m to 9.0m lay imperfections assumed

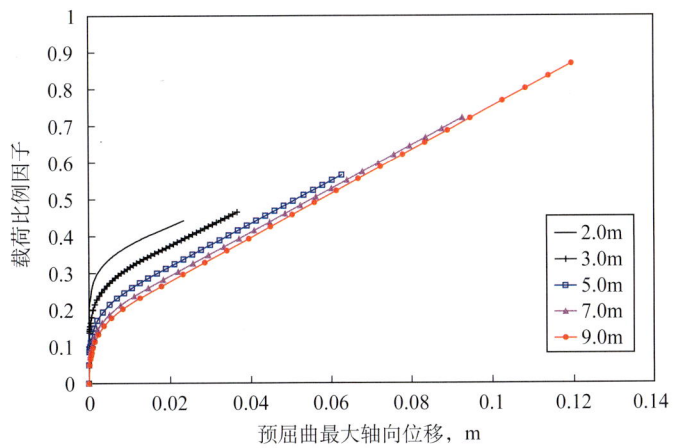

图 6.6　2.0～9.0m 初始挠度下，屈曲初始化管段预屈曲的最大轴向位移—载荷比例因子曲线
Figure 6.6　LPF vs. maxi. axial disp. curves, 2.0m to 9.0m lay imperfections assumed

表 6.2 列出了不同初始挠度下屈曲初始化管段预热屈曲侧向幅度达 0.5m（需要不同的预热温度）后的预屈曲波长、最大 Mises 应力和预屈曲两侧管道的轴向伸长，从中可见，不同初始挠度下管道侧向屈曲的波长和后屈曲应力比较接近，但初始挠度幅值为 9.0m 时管道段获得了最大的轴向伸长。

表 6.2　预屈曲的应力和轴向伸长
Table 6.2　Stress and axial elongation induced by the pre-buckles

最大初始挠度幅值 m	最大轴向伸长 m	预屈曲波长 m	最大屈曲应力 MPa
2.0	2.534×10^{-2}	81.6	127.5
3.0	3.870×10^{-2}	87.8	113.3
5.0	6.551×10^{-2}	90.9	106.9
7.0	9.732×10^{-2}	94.8	116.0
9.0	1.256×10^{-1}	95.4	127.0

那么在预热屈曲埋设技术中，高阶的预屈曲模态与低阶的预屈曲模态在获得管道轴向预伸长效果方面有什么样的差别呢？图 6.7 表明，高阶模态和低阶模态预屈曲的轴向预伸长效果比较接近，但选用一阶模态预屈曲最有利于随后实施埋设工序。

最后还有一点需要明确，如前文所述，高温输送一般要求管道具有较高的制造和铺设精度以提升管道的临界屈曲载荷，预热屈曲埋设技术同样需要平管段管道具有较高的制造和铺设精度，因为只有这样管道预热的不确定性才能降低，使平管段始终保持稳定，仅在实施屈曲初始化的位置上发生预屈曲。

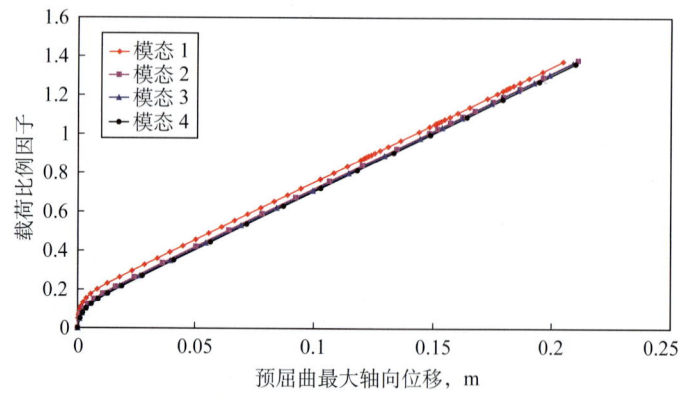

图 6.7　9.0m 初始挠度下，不同模态预屈曲的最大轴向位移—载荷比例因子曲线

Figure 6.7　LPF vs. maxi. axial disp. curves, 9.0m lay imperfection assumed

二、最小预屈曲间距的设计

从屈曲初始化角度，增加预屈曲沿管道的布置密度可以将预屈曲引发的轴向伸长更有效地均分到管道路由上，同时也容易获得更大的预热伸长总量，使管道投产后更充分地吸收轴向力，但是这个要求通常与将预屈曲间距布置得足够远以确保预屈曲形态的稳定相冲突，在利用蛇型铺设技术或小尺度扰动技术实现屈曲初始化时尤其需要注意选择合适的预屈曲间距。

Hobbs 公式给出了屈曲段管道两侧相向滑移管段长度的计算方法，基于如下保守假设可以用来确定最小预屈曲间距，即预屈曲管段内的轴向力下降仅由两侧滑移管道段上的海床摩擦力来平衡。

下面仍以文昌 8-3A 至文昌 14-3A 管道为分析对象，研究预热屈曲埋设解决方案中最小预屈曲间距的设计方法。

表 6.3 列出了弧长法分析得到的所施加热荷载与文昌管道屈曲波长之间的对应关系（第一阶至第四阶模态），从中可见，在侧向屈曲过程中，屈曲管道段两侧管道相向滑移，不断"加入"到屈曲段内，但由于侧向变形加大，在整个屈曲过程中屈曲波长的变化并不显著。

表 6.3　9.0m 初始挠度下，文昌管道不同模态的屈曲波长

Table 6.3　Buckle lengths of Wenchang pipeline with 9.0m imperfections

屈曲构形		分析增量步	第 10 个增量步	第 20 个增量步	第 30 个增量步
第一阶		LPF	0.2016	0.5225	0.8685
		B.L.	92.2 m	90.7 m	89.4 m
第二阶		LPF	0.4215	1.0912	1.5789
		B.L.	51.1 m	49.8 m	49.7 m
第三阶		LPF	0.4399	1.1609	1.4071
		B.L.	43.6 m	42.1 m	40.6 m
第四阶		LPF	0.4445	1.3618	1.6681
		B.L.	21.0 m	20.7 m	20.3 m

如前所述，Hobbs 公式适用于小挠度屈曲，在预屈曲发生的初始阶段，其计算结果与有限元解是接近的，因此可选用 Hobbs 公式计算预屈曲段两侧管道的滑移长度，而公式中的预屈曲波长则与管道的初始铺设挠度密切相关，需要利用弧长法分析得到。后屈曲过程中，预屈曲段两侧管道的滑移长度会略有所增加，但变化不显著，因此通过上述方法定义最小预屈曲间距是合适的。

表 6.4 提供了 Hobbs 侧向屈曲公式中的常数值（具体公式见第三章），选择表 6.3 中第 10 个分析步（预屈曲发生时刻）上的预屈曲波长计算管道屈曲段内的轴向力降，进而可求得屈曲段两侧生成摩擦力的管道长度。计算中管道与海床之间的侧向与轴向摩擦系数均选为 0.5，并认为管道预屈曲段内的轴向力下降仅由管道与海床间的轴向摩擦力来平衡。管道屈曲段内轴向力下降的计算结果一同列入了表 6.4。

表 6.4 屈曲管道段轴力降与两侧发生摩擦力的管道段长度
Table 6.4 Axial force drops in prebuckles and the lengths of sliding pipe sections beside the buckles

模态	常系数			$B.L.$ m	ΔP MN	L_s m
	k_1	k_2	k_3			
第一阶	80.76	6.391×10^{-5}	0.5	92.2	0.581	680
第二阶	$4\pi^2$	1.743×10^{-4}	1.0	51.1	0.466	545
第三阶	34.06	1.668×10^{-4}	1.294	43.6	0.408	477
第四阶	28.20	2.144×10^{-4}	1.608	21.0	0.341	399

从表 6.4 的计算结果可见，为平衡屈曲段内的轴向力下降，对于第一阶模态的预屈曲，屈曲段两侧发生摩擦力的管道长度为 680m；而对于第四阶模态的预屈曲，该长度仅为 399m，因此，在保持屈曲稳定性方面，高阶屈曲更有利。保守起见，就文昌 8-3A 至文昌 14-3A 管道而言，屈曲初始化过程中各挠度段（假设采用蛇形铺设技术）的间距应该为 680m×2=1360m，即采用第一阶模态预屈曲两侧的管道滑移长度定义。

预热屈曲埋设设计中上述分析方法可以用于选择合适的预屈曲间距，即在屈曲初始化过程中保留合适的初始挠度布置间距，以避免预热后相邻屈曲段的汇合，从而保证各预屈曲段的稳定。

三、预热温度的选择

首阶模态、大挠度的管道初始化形态有利于预热埋设技术的实施，但是任何管道的铺设形态在铺设以前是难以准确预计的，因此预热温度的选择需要建立在对目标管道段细致分析的基础上。

预热温度的选择，既要保证结构的安全，又要获得明显的预形变效果，这里的结构安全包括以下几个方面：管道强度、平管段的稳定性、预屈曲构形的稳定。此外对预热方法本身也应该作具体分析，有的方法如热蒸汽或电热预热仅施加温度荷载，有的方法如热水预热在施加温度荷载的同时也带来了压力荷载。

本文将模态分析技术与含初始挠度管道屈曲过程非线性分析技术相结合，提出了切实可行的预热屈曲埋设技术的预热温度选择方法。

图 6.8 给出了某段管道可能的初始铺设形态，首先需要对该初始形态进行模态分析。分析结果表明，该初始铺设形态可以近似地看作是以下构形的线性组合（模态分析方法本书从略）：

（1）最大侧向偏移量是 2.25m 的第一阶屈曲模态。
（2）最大侧向偏移量是 2.25m 的第二阶屈曲模态。
（3）最大侧向偏移量是 2.25m 的第三阶屈曲模态。
（4）最大侧向偏移量是 2.25m 的第四阶屈曲模态。

因此可以将上述构形视为特征值屈曲分析的结果，应用本书第三章所述的网格扰动技术直接构造出具有图 6.8 所示形态的有限元分析网格，从而准确地分析出屈曲初始化后某段管道的预热响应过程。

图 6.8　某段管道可能的初始铺设形态

Figure 6.8　A possible lay imperfection formation in practice

仍以文昌 8–3A 至文昌 14–3A 管道作为算例，对如图 6.8 所示管道的有限元模型进行 Riks 加载分析。图 6.9 为分析得到的预热屈曲载荷比例因子—最大轴向位移关系曲线，在添加 3 条辅助线之后，该图版可以作为预热温度的选择基础：

（1）第一条辅助线用以确保侧向预屈曲的发生，其纵坐标是目标管道段的临界载荷比例因子。

（2）第二条辅助线的位置是由 Hobbs 线性屈曲公式的计算结果给出的，用来保证直管段的稳定，即确保预热屈曲只会发生在目标管道段上（Hobbs 公式一般得出保守结果，此处适用）。

（3）第三条辅助线对应着目标管道段后屈曲发生屈服的预热温度。

其中，第二条和第三条辅助线的相对位置可能根据管道结构或初始构形的不同而有所差异，本算例中第二条辅助线的对应温度是 40.04℃，第三条辅助线的对应温度则超过了 100℃，两者间的差距比较大。

这 3 条辅助线将图版 6.9 分成了 4 个区域：

（1）区域 1 意味着经屈曲初始化的目标管段尚不会发生预屈曲。
（2）区域 2 意味着目标管段将发生预热屈曲。
（3）区域 3 意味着目标管段以外的平管段在预热作用下也存在屈曲的可能。
（4）区域 4 意味着目标管段的预屈曲将引发局部的屈服。

因此若实施预热，区域 2 为预热温度的合适落入范围。此时，经屈曲初始化的目标管段将发生侧向屈曲，而管道路由上其他平管段将保持稳定（预热温度低于平管段的临界载荷），同时预热获得的侧向屈曲也得以控制在弹性的范围内。

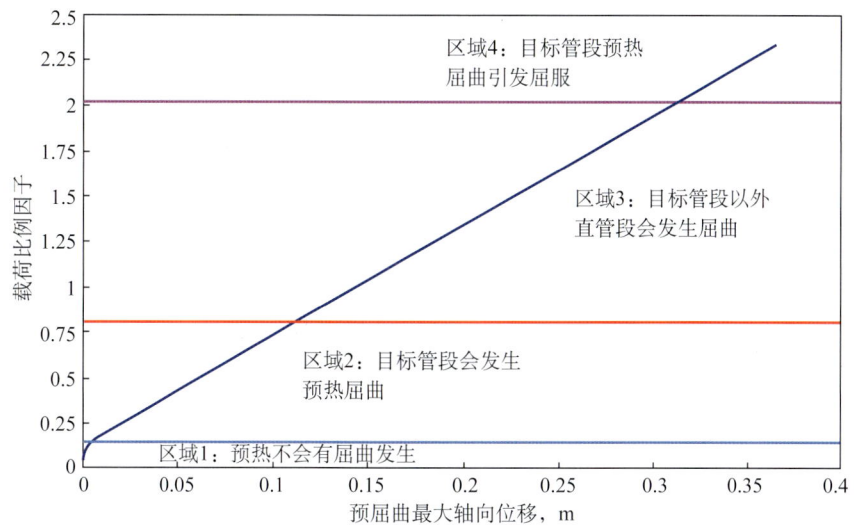

图 6.9 合理的预热温度的选择（载荷比例因子由 50℃ 的预热温度定义）

Figure 6.9 Selection of a reasonable pre-heating temperature
(here 50℃ was selected as the reference value to define LPF values)

本算例中，若预热温度选为 40℃，则管道的安全在预热过程中能够得到保障，而目标管段（图 6.8 初始形态）两端的平管段将获得超过 0.1m 的轴向预伸长。

四、预热屈曲埋设技术的应用效果分析

预热屈曲埋设的管道冷却后管壁内将保留有一定的预拉应力，与直接埋设的管道相比，将具有更高的热荷载承载能力，主要体现在管道临界屈曲载荷的升高及热应力的缓解。基于非线性有限元的算例管道（文昌 8-3A 至文昌 14-3A 管道）垂向热稳定性评价结果证明了预热屈曲埋设方案的实施效果。

埋设管道的垂向热屈曲分析需要同时包括管道变形的几何非线性与管土作用的边界非线性，因此可以应用管—土耦合单元（PSI34）模拟管道与上覆海土之间的相互作用。重新构建第三章提出的管道有限元模型，将非线性弹簧单元更换为管土耦合单元 PSI34，仍采用改进的 Riks 算法分析热荷载加载过程。

改用 PIPE31 梁单元定义 1460m 的管道模型（模型中部 100m 为屈曲初始化段，两侧分别保留有 780m 的平管段），模型的结构数据与材料属性数据仍是选自文昌 8-3A 至文昌 14-3A 管道的基本设计数据。设预热后屈曲初始化段的预屈曲模态为 1 阶。模型边界定义为完全锚固。在应用改进的 Riks 算法进行垂向屈曲分析之前，需要利用网格扰动技术模拟管道的预屈曲构形。

需要注意的是 PSI34 管土耦合单元并不是真正地离散管道周围的土域，而是将土域的约束通过单元刚度加以反映。PSI34 管土耦合单元模拟海土的弹性——理想塑性行为时，该单元各个方向的刚度通常是不同的，为分析管道的垂向屈曲，需要定义两个方向的土壤特性。算例中，管道轴向上的土壤力被定义为 7.3kN/m，管道垂向（屈曲方向）上的土壤

力被定义为 14.6kN/m，当管道轴向或垂向位移超过 0.0304m（0.1ft）时，上述土壤力发生（土壤力的大小取决于管道埋设位置海床的海土性质，上述定义为经验数值，对此不作深入讨论）。

图 6.10 给出了直接埋设和预热屈曲埋设管道在热荷载作用下发生垂向屈曲的弧长—载荷比例因子曲线。两条曲线的对比表明，应用预热技术以后，管道垂向屈曲的临界温度升高了 12.95℃。图 6.11 则给出了埋设管道承担热荷载后垂向屈曲的最大位移—载荷比例因子曲线。

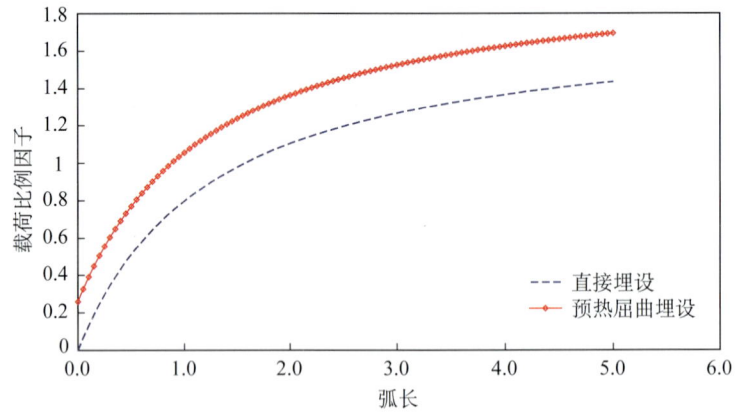

图 6.10 埋设管道垂向屈曲的弧长—载荷比例因子曲线对比（直接埋设与预热屈曲埋设）
Figure 6.10 a comparison of LPF vs. arc length curves for "Direct Burial" and "PreheatingBurial"

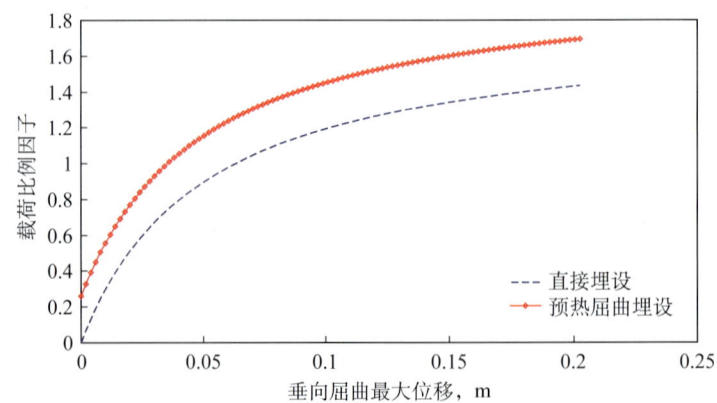

图 6.11 埋设管道垂向屈曲的最大位移—载荷比例因子曲线（直接埋设与预热屈曲埋设）
Figure 6.11 a comparison of LPF vs. maxi. disp. curves for "Direct Burial" and "PreheatingBurial"

实际上，埋设管道垂向热屈曲过程中管道与海土的相互作用关系比较复杂，上述分析旨在对比预热屈曲埋设技术的应用效果，对管土作用进行了简化处理，但其分析结果仍然反映了该技术的应用价值。一般情况下，预热屈曲埋设解决方案的施工费用仅为单纯增加约束解决方案（加大埋深或在管道上方堆砌石料等）的 20%，因此该技术将具有很好的应用前景。

第四节 分阶段两次挖沟预热止屈技术

另一种避免高温管道垂向屈曲的施工措施为分阶段两次挖沟的预热技术。在该方案中，沿着管道路由若干间隔的管道段事先被曲线铺设并在第一次挖沟中被保留在海床上，其他直管段则沉入海沟。首次挖沟结束后对管道实施热水预热，这些预留的管道段将率先在海床上发生侧向屈曲；之后维持预热状态沿着这些管道段侧向预屈曲的构形实施第二次挖沟作业，对其进行约束。第二阶段挖沟完成后即可结束预热，而这些侧向预屈曲的冷却回弹将被新挖的管沟约束，从而在管道内引发张力，部分抵消正式投产后管道内的轴向压力，达到避免垂向热屈曲目的。

一、管道利用预热止屈的可行性

基于流动保障要求，海洋石油常需要保温输送，热荷载不可避免地在管道内引发较高的轴向力而带来热屈曲隐患。为避免管道发生垂向热屈曲，通常的工程方案是将管道埋设在海床上，或者在管道上方倾倒砾石，但这对长距离管道来说不仅投资过大而且给管道投产后的维护检测带来困难。因此很多管道项目采用了挖沟沉管等待自然淤积回填的方案，以降低管道发生侧向屈曲或遭受第三方损伤的风险。1990 年 Glamis 油田新建管道采用热水预热技术成功避免了该油田前期投产管道发生的垂向屈曲失效。当时设计者们参考前期管道的屈曲调查结果，给出了新建管道的预热温度和挖沟宽度，实施结果证明预热技术在管道内引发了张力，有效缓解了投产后管道轴向过高的状况。但若想推广 Glamis 管道的预热方案，还需研究解决以下问题：

首先，若要在一个新的管道项目应用 Glamis 方案，必须能够事先确定预热屈曲发生的具体位置和幅度，而新管道路由上各位置的管道轴向力、铺设不直度和海土侧向约束都存在着很大的不确定性。Glamis 管道的预热方案之所以有信心实施，主要在于设计能够参考原有屈曲失效管道的调查结果判断预屈曲的位置和幅度，并能够依据当初的管道输送温度选择预热温度。其次 Glamis 方案利用加宽的管沟来控制预屈曲的发生幅度，而对屈曲的管道来说，当屈曲幅度被限制，后屈曲过程中管道屈曲波长变短同样可能引发显著的应力集中。最后，需要一个更加有效的方法约束预热屈曲管道段在预热结束后的回弹，进而将更多的张力保留在管道中，Glamis 方案仅依靠管沟内的海土摩擦力约束预热结束后的管道回弹，其预热效果易打折扣。

本节提出一种分阶段两次挖沟预热止屈的海底管道施工方法，以期望改进 Glamis 方案，其主要思路可以描述为：如果热水预热生成的侧向预屈曲能够诱发在管道路由中事先确定的位置上，之后维持预热状态沿着预屈曲管段的构形挖沟，这些预屈曲管段的冷却回弹就能最大限度地被约束，从而将更大的张力保留在投产前的管道中。

为了拓宽预热温度的选择窗口，同时在弹性范围内获得更大的侧向预屈曲幅度，有必要对选定的预屈曲管道段实施屈曲初始化技术。迄今为止，有 3 种主要的屈曲初始化技术，即曲线铺设法（例如蛇形铺设或者小尺度扰动技术），垂向扰动法（例如在管道下方安置轨枕）及分布浮力法。这些方法在理论上都是可行的，均能起到控制预屈曲发生位置，降低预屈曲临界荷载及增加预热屈曲侧向幅度的作用。本节仅讨论采用小尺度扰动曲线铺设技术配合预热屈曲方案的设计方法，主要在于该种屈曲初始化技术利于定量描述，且施工成本较低。

二、主要施工步骤及技术要求

类似 Glamis 高温解决方案，新方案的预热温度选择窗口为投产管道垂向屈曲的临界温度与小尺度扰动曲线铺设管段侧向屈曲临界温度所决定的区间。预热需要在这些曲线铺设管段上诱发侧向预屈曲，同时也要保证其他管道位置的垂向稳定，不会直接导致垂向屈曲。工程中应尽可能增加预热温度的上述选择窗口，以提升预热屈曲方案的可靠性和有效性。

对管道路由中一段管道而言，曲线铺设的初始挠度越大，其临界屈曲温度越低；而管道在不平整海床或海沟内发生垂向屈曲的临界温度是不容易控制的，因此，只有增加计划预屈曲段管道的初始铺设挠度，才能有效增加预热温度的选择窗口。整个预热屈曲方案可分为 4 个施工过程，通过图 6.12 的简图阐明。

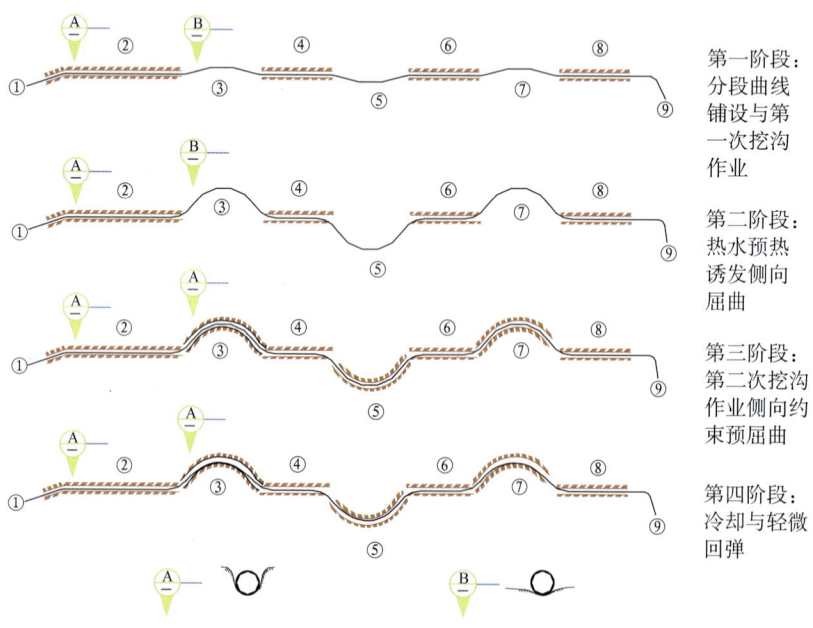

图 6.12　分阶段两次挖沟预热方案的实施过程

Figure 6.12　Executing processes of segmented ditching and hot water flushing

第一阶段为初次挖沟阶段，将之前曲线铺设的管道段③、⑤和⑦保留在海床上，而在其他直管段位置挖沟沉管。管道段③、⑤和⑦代表了实施屈曲初始化的管道段，之前按着 1 阶侧向屈曲模态小尺度扰动铺设，各段的长度、扰动幅度及间隔距离需由预热设计计算确定。管道段②、④、⑥和⑧为直线铺设管道段，在初次挖沟阶段被沉入海床，其意义在于确保管道路由上预热诱发的各个预屈曲能够同步地独立地屈曲而不是集中在少数几个位置上发生，并且能够在预热阶段获得稳定的 1 阶侧向模态屈曲构形。图 6.12 中位置①代表管道的登陆端，亦为预热热水的入口，位置⑨是管道的离岸终端，一般经由膨胀弯与立管连接，为预热热水的出口。

第二阶段为热水预热阶段，实施过屈曲初始化且保留在海床上的管道段③、⑤和⑦将在海床平面上发生侧向预屈曲。

第三阶段为再次挖沟阶段，挖沟作业沿着③、⑤、⑦管道段的预屈曲构形实施，将预屈曲的管道段侧向约束在海床平面，而这期间管道需要始终保持热水预热状态。

第四阶段为第二次挖沟结束后的冷却阶段，此时结束热水预热，管道开始自然冷却。冷却的预屈曲管道段（图6.12中以③、⑤、⑦段代表）有回弹的趋势，受到新挖管沟的约束即可在管道内诱发张力。待管道正式投产，管道内保留的预张力就能部分抵消热荷载引发的轴向力，从而提升管道的热稳定性。

整套预热方案需要满足以下设计要求方有望确保可靠性与有效性：

首先，在管道铺设阶段，各个小尺度扰动曲线铺设的管道段需要有足够的长度去容纳一个可以接受的侧向预屈曲，即预屈曲本身要发生在弹性变形范围内；要有足够的侧向初始挠度去降低触发预屈曲所需要的临界荷载，尽量降低所需的预热温度；要有足够的间距确保各个预屈曲的同步性与独立性，避免预屈曲集中在少数几个位置上发生。

其次，选择合适的预热温度是确保整套方案可行有效的关键。在这个预热温度下，既要保证管沟内的直管段保持稳定不会因预热而发生意外的垂向屈曲，又要保证预屈曲在弹性范围内获得足够的侧向幅度，以提升预热措施的效果。

最后，需要发展精确的方法评价冷却过程中预屈曲管段的回弹程度，计算最终保留在管道内的张力。图6.13给出了预热方案的设计流程。

三、预热设计的主要分析方法

1. 预屈曲管段的布置设计（Initial layout design）

选择Hobbs侧向屈曲理论所定义的第一阶模态为预屈曲模态，主要出于两点考虑：其一，第一阶模态侧向屈曲两端的轴向滑移管段长度较其他模态更长，有利于在预屈曲段之外的管道内引发轴向力；其二在于第一阶模态的侧向预屈曲有利于实施第二次挖沟约束。

如前所述，各个小尺度扰动曲线铺设的管道段（图6.12中以③、⑤、⑦段代表）首先要有足够的长度去容纳一个弹性范围内的侧向预屈曲，而这些管道段的长度过长则又有可能引发高阶模态的侧向预屈曲而导致第二次挖沟作业难以实施。参考Hobbs侧向屈曲理论中关于第一阶模态屈曲和第二阶模态屈曲屈曲波长的描述，与最小临界轴向力对应的预屈曲波长可表示为[4]

$$\bar{L}_{1-\text{mode}} = \left[\frac{16.85 \times 10^5 (EI)^3}{(f_\text{L}^{\text{LB}})^2 AE}\right]^{0.125}$$
$$\bar{L}_{2-\text{mode}} = \left[\frac{1.51 \times 10^5 (EI)^3}{(f_\text{L}^{\text{LB}})^2 AE}\right]^{0.125}$$
(6.1)

式中 f_L^{LB} ——单位管长海床侧向摩擦阻力下限值，N/m，用于计算出保守的预屈曲波长。

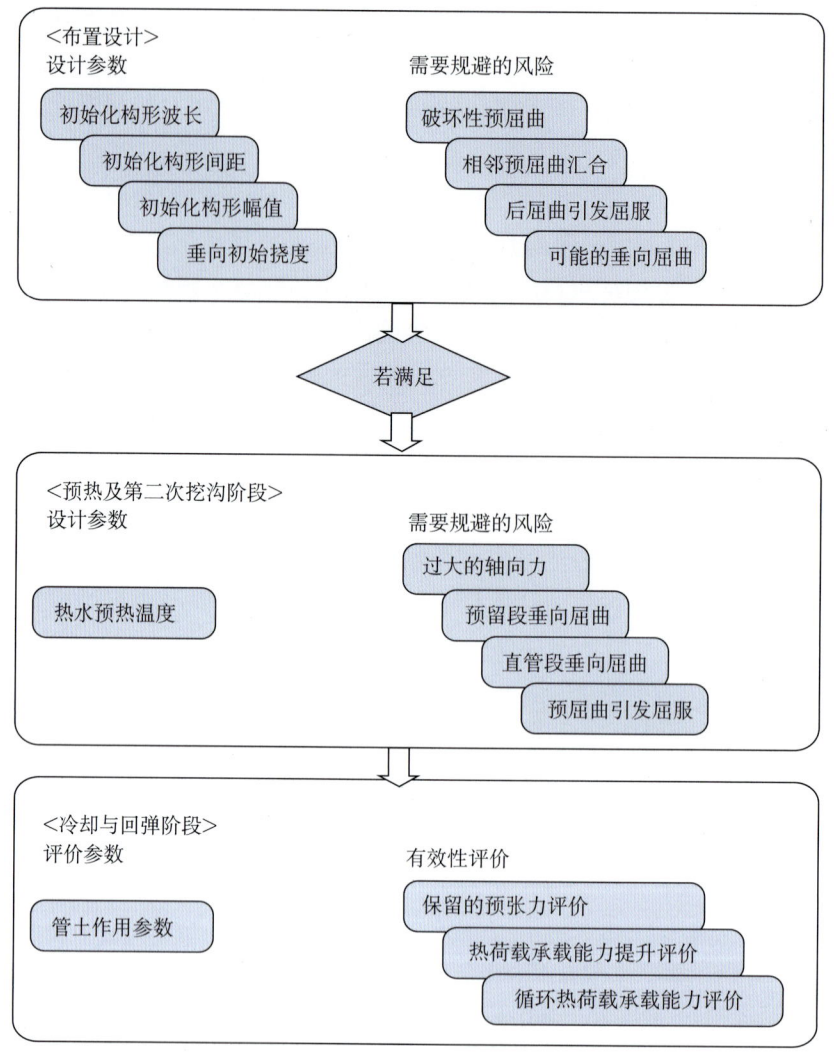

图 6.13 分阶段两次挖沟预热方案的设计方法
Figure 6.13 Design approach of segmented-ditching and hot-water-flushing solution

为使首次挖沟预留在海床上的小尺度扰动曲线铺设管道段能够容纳弹性变形的预屈曲，同时又能避免其发生更高阶模态的预屈曲，每一个管道段的长度应在 [$\bar{L}_{1-mode}$，$2\bar{L}_{2-mode}$] 区间内。如果考虑到这些管道段的初始挠度，可引入一个关于长度的安全因子 ξ，将首次挖沟作业中各计划预屈曲位置的预留长度 L_{pre} 表示为

$$L_{pre} = \bar{L}_{1-mode} + \xi(T)(2\bar{L}_{2-mode} - \bar{L}_{1-mode}) \tag{6.2}$$

对长距离管道考虑预热沿程温度梯度时安全因子 ξ 为当地温度的函数。

各个预留管段的抗屈曲能力定义为预热过程中其轴向压力承载的上限，除管道自身抗弯刚度外，该上限值取决于预留管段的初始挠度及海床侧向摩擦的约束程度。

预屈曲集中发生（Localization）是整套方案需要规避的另一种风险，即管道仅在少数几个位置，甚至集中在一个位置发生预屈曲。此时管道极易在上述位置发生屈服，同时还会因为无法实施后续的施工步骤而导致整套预热方案失败。避免预屈曲集中发生的关键在于合理设计它们的间距。以图 6.12 中预留管道段③、⑤、⑦为例，若下述方程成立[5]，相邻的预屈曲之间就有可能出现管道轴向滑移而导致预屈曲在一侧集中发生。

$$S_{\text{post},③} - \Delta S \geqslant S_{\text{G},⑤} \tag{6.3}$$

其中 $S_{\text{post},③}$ 是管段③的后屈曲有效轴向力；ΔS 是作用在管段④上的海床轴向摩擦力，计算时可选用摩擦系数的下限；$S_{\text{G},⑤}$ 为管段⑤的临界轴向力，可以计算为

$$S_{\text{G},⑤} = \min[S_{\text{G}}(d_{⑤}^{\text{BE}}, f_{⑤\text{L}}^{\text{BE}}), S_{\text{G}}(d_{⑤}^{\text{LE}}, f_{⑤\text{L}}^{\text{LB}})] \tag{6.4}$$

其中 $d_{⑤}$ 为管段⑤的铺设挠度幅值，$f_{⑤\text{L}}^{\text{BE}}$ 与 $f_{⑤\text{L}}^{\text{LB}}$ 分别为海床侧向摩擦力的上限值（Best Estimate value）与下限值（Lower Bound value）。$S_{\text{G},⑤}$ 选择下述临界轴向力预测结果中的小值：管段⑤初始铺设挠度的下限值与海床侧向摩擦阻力的下限值组合；管段⑤初始铺设挠度的设计值与海床侧向摩擦阻力的上限值组合。类似于上述过程，需要校核每个小尺度扰动曲线铺设的管道段（这些管道段在首次挖沟作业中被保留在海床上）是否会成为预屈曲集中发生的位置。

式 (6.4) 要求相邻的预屈曲之间有足够的直管段间距以避免预屈曲集中发生，但是如果直管段间距过大，则会在两个预屈曲之间出现预热结束后管道预张力难以到达的位置。参考 Fyrileiv 等人的研究结论，预热屈曲过程中，管段⑤两侧管道相向滑移进入到屈曲段内的长度正比于图 6.14 中的阴影面积，可表示为[6]

$$L_{\text{s}} = \int_{x_1}^{x_2} \Delta \varepsilon \, dx = \frac{A_{\text{hat}}}{EA_{\text{s}}} \tag{6.5}$$

式中 A_{hat}——图 6.14 中的阴影面积。

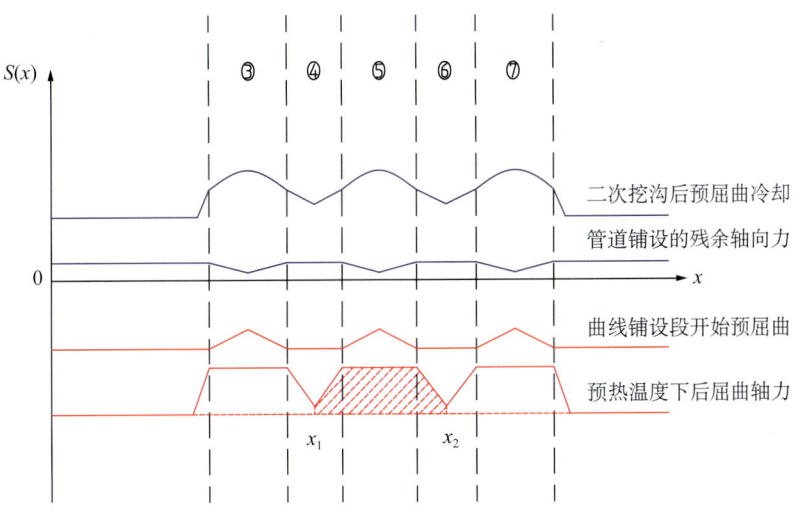

图 6.14　预热方案 4 个阶段的管道轴向力分布

Figure 6.14　The axial force diagram for the four stages of hot water flushing solution

若忽略预热温度沿管道路由的变化，预屈曲两侧管道的相向滑移量为

$$L_s = \frac{(S_{post} - S_0)[L_{pre} + (x_2 - x_1)]}{2EA_s} \tag{6.6}$$

式中 S_{post}，S_0——分别是后屈曲轴向力及轴向完全约束管道段的有效轴向力。

因此预屈曲的最终设计间距，即图 6.12 中管道段④与⑥的长度，至少应为式 (6.6) 算得的 L_s 值的两倍。

2. 初始铺设挠度要求（Initial imperfection requirements）

为避免预热屈曲过程中发生屈服，利用小尺度扰动技术对计划预屈曲管道段实施曲线铺设十分重要。这些管段的初始铺设挠度可以表示为正弦级数：

$$y_0(x) = \sum_{n=1}^{s} d_n \sin\left(\frac{n\pi x}{L_0}\right) \tag{6.7}$$

其中 d_n（$n=1, 2, \cdots, s$）为各叠加模态的幅值，对某一任意初始铺设挠度有

$$d_n = \frac{2}{L} \int_0^L y_0(x) \sin(n\pi x/L_0) dx \tag{6.8}$$

基于应变能原理，这些管道段发生预屈曲的挠曲线方程为[7]

$$y = \sum_{n=1}^{s} \frac{n^2 d_n}{n^2 - \beta} \sin\left(\frac{n\pi x}{L_0}\right) - \sum_{n=1,3}^{\infty} a_n \sin\left(\frac{n\pi x}{L_0}\right) \tag{6.9}$$

其中

$$\beta = \frac{SL_0^2}{\pi^2 EI}$$

$$a_n = \frac{4q_f L_0^4}{\pi^5 EI} \frac{1}{n^3(n^2 - \beta)}，n=1, 3, \cdots 为奇数；$$

式中 q_f——单位管长上的海床侧向阻力。

在预热设计中，为简化起见，可仅考虑方程 (6.9) 中的叠加首项而将其简化为

$$y = \frac{(2\beta - 1)d_1}{\beta - 1} \sin\left(\frac{\pi x}{L_{pre}}\right) - \frac{4q_f L_{pre}^4}{\pi^5 EI} \frac{1}{\beta - 1} \sin\left(\frac{\pi x}{L_{pre}}\right) \tag{6.10}$$

有以下预屈曲幅值：

$$y_{max} = y\Big|_{x=\frac{L_{pre}}{2}} = \frac{d_1}{1-\beta} - \frac{4q_f L_{pre}^4}{\pi^5 EI} \frac{1}{1-\beta} \tag{6.11}$$

方程 (6.10) 中第一次挖沟各预留管段的长度 L_{pre} 及预留管段的初始挠度幅值 d_1 为预热设计变量，因此可将预屈曲的挠度曲线视为管道轴向力 S 的函数，方程 (6.10) 中 β 为包含 S 的中间变量。根据 Hobbs 理论，各管段的预屈曲幅值与第一次挖沟预留长度之间满足：

$$y_{max} = 2.407 \times 10^{-3} \frac{q_f}{EI} L_{pre}^4 \tag{6.12}$$

对某一非埋设的直管段来说，有 $d_1=0$，$\beta=4$，发生第一阶模态侧向屈曲后管段内的轴向力为

$$S_{1\text{st}} = 80.76 \frac{EI}{L_{\text{pre}}^2} \qquad (6.13)$$

对小尺度扰动曲线铺设的非埋设管段来说，若长度为 L_{pre}，初始铺设挠度幅值为 d_1，联立方程(6.11)与方程(6.12)，第一阶模态侧向预屈曲的管段轴向力为

$$S = \frac{\pi^2 EI}{L_{\text{pre}}^2} \beta = \frac{\pi^2 EI}{L_{\text{pre}}^2} \left(\frac{10.66 \times 10^{-3} f_{\text{L}}^{\text{BE}} \cdot L_{\text{pre}}^4 + d_1 \cdot EI}{2 d_1 \cdot EI - 2.407 \times 10^{-3} f_{\text{L}}^{\text{BE}} \cdot L_{\text{pre}}^4} \right) \qquad (6.14)$$

式中 f_{L}^{BE}——海床侧向摩擦阻力上限，N/m。

为规避剧烈屈曲引发屈服的风险，需将预热屈曲过程控制为小幅度的缓慢形变过程。在大量有限元分析的基础上，下述经验准则得以提出：对于确定的预留长度 L_{pre}，初始铺设挠度幅值 d_1 应足够大，直到将该管段的屈曲轴向力降至直管段屈曲轴向力 $S_{1\text{st}}$ 的四分之一，即

$$e = \frac{S}{S_{1\text{st}}} \leqslant 0.25 \qquad (6.15)$$

3. 预热温度选择（Preheating temperature design）

预热后，管沟中的直管段（图6.12中②、④、⑥、⑧段）将不断汇入到预屈曲管段中（图6.12中③、⑤、⑦段），而选择合适的预热温度是确保整套高温解决策略可靠且有效的最重要方面，下述原则及算法可用于实现预热温度选择。

热水预热后轴向完全约束的管道段，其有效轴向力为：

$$S_0 = EA\alpha(T_{\text{pre}} - T_{\text{ins}}) + (p_{\text{pre}} - p_e)A(1 - 2\nu) - H \qquad (6.16)$$

式中 E，ν，α——管道钢管碳钢的杨氏模量、泊松比及热膨胀系数；

A——管道横截面积；

H——管道铺设残余轴向力；

p_{pre}，p_e——预热过程的管道内压和静水外压；

T_{pre}，T_{ins}——预热温度和安装温度。

根据公式(6.14)，预屈曲后各预留管段内的轴向力（或过程变量 β 值）可以由设计值 f_{L}^{BE}、L_{pre} 和 d_1 计算，此时预屈曲的挠曲线形态可由方程(6.10)表示。如果小尺度扰动曲线铺设后残余轴向力可以忽略，各预留管段的临界轴向力可由以下Hobbs相容方程求出：

$$S_0 - S = \frac{AE}{L_{\text{pre}}} \int_0^{L_{\text{pre}}} \frac{1}{2} (y'^2 - y_0'^2) \mathrm{d}x \qquad (6.17)$$

各预留管段所需的临界轴向力为

$$S_0 = \frac{\pi^2 EI}{L_{pre}^2}\beta + \frac{AE}{4(\beta-1)}\frac{\pi^2}{L^2}\left(\beta d_1 - \frac{4f_L^{BE}L_{pre}^4}{\pi^5 EI}\right)\left[(3\beta-2)d_1 - \frac{4f_L^{BE}L_{pre}^4}{\pi^5 EI}\right]$$

$$= \frac{\pi^2 EI}{L_{pre}^2}\left(\frac{10.66\times10^{-3}f_L^{BE}L_{pre}^4 + d_1 EI}{2d_1 EI - 2.407\times10^{-3}f_L^{BE}L_{pre}^4}\right) + \frac{AE}{4(\beta-1)}\frac{\pi^2}{L^2}\left(\beta d_1 - \frac{4f_L^{BE}L_{pre}^4}{\pi^5 EI}\right)\left[(3\beta-2)d_1 - \frac{4f_L^{BE}L_{pre}^4}{\pi^5 EI}\right]$$

(6.18)

同时为避免管沟内的间隔直管段发生意外的垂向屈曲，Hobbs 垂向热屈曲公式可用于确定预热温度的上限[4]。

$$S_{UHB-min} = 80.76\frac{EI}{L^{*2}} + \frac{wL^*}{EI}[1.597\times10^{-5}EAf_a^{LB}wL^{*5} - 0.25(f_a^{LB}EI)^2]^{1/2}$$ (6.19)

式中　L^*——垂向屈曲波长，对应着最小临界轴向力 $S_{UHB-min}$ 诱发的垂向屈曲；

　　　f_a^{LB}——海床侧向摩擦阻力下限。

为避免管沟内直管段发生意外的垂向屈曲，预热轴向力需要满足：

$$S_0 = EA\alpha(T_{pre} - T_{ins}) + (p_{pre} - p_e)A(1-2\nu) - H \leqslant S_{UHB-min}$$ (6.20)

当热水预热的输送压力可以确定，公式 (6.20) 可用于确定预热温度的上限值。

4. 预热强度校核（Hot water flushing check）

为节省操作时间和淡水资源，预热作业可以与常规的管道试压同时实施，不妨选用 DNV 操作极限状态准则校核管道强度[8]：

$$\gamma_{sc}\gamma_m\left(\frac{S}{\alpha_c S_p}\right)^2 + \gamma_{sc}\gamma_m\left[\frac{|M_d|_{max}}{\alpha_c M_p}\sqrt{1-\left(\frac{\Delta p_{pre}}{\alpha_c P_b(t)}\right)^2}\right] + \left[\frac{\Delta p_{pre}}{\alpha_c P_b(t)}\right]^2 \leqslant 1.0$$ (6.21)

式中　S——预屈曲管段的轴向力，由式 (6.14) 计算；

　　　α_c——流动应力参数，取 1.2；

　　　S_p——塑性轴力抗力，$S_p = f_u \pi(D-t)t$；

　　　f_u——设计拉伸强度，$f_u = (SMTS - f_{uT})\cdot\alpha_u$；

　　　f_{uT}——强度递减温度因子；

　　　$SMTS$——钢材拉伸强度；

　　　α_u——材料强度因子；

　　　Δp_{pre}——设计预热压差，$\Delta p_{pre} = \gamma_P(p_{pre} - p_e)$；

　　　γ_P——压力荷载的效应因子，取 1.05；

　　　$P_b(t)$——破裂极限抗力，$P_b(t) = \frac{2t}{D-t}\frac{f_u}{1.15}\frac{2}{\sqrt{3}}$；

　　　t——腐蚀后的管壁厚度；

γ_{sc}——安全等级抗力因子，取 1.138；

γ_m——材料抗力效应因子，取 1.15。

$|M_d|_{max}$——最大预屈曲弯矩；

M_p——塑性弯矩抗力，$M_p=f_y(D-t)^2 t$；

f_y——设计屈服强度，$f_y=(SMYS-f_{yT})\alpha_u$；

$SMYS$——钢材钢材屈服强度；

f_{uT}——强度递减温度因子。

方程 (6.21) 中，预屈曲弯矩可由式 (6.10) 给出的挠曲线形态求得

$$|M_d|=EI\frac{d^2y}{dx^2}=\frac{1}{1-\beta}\left(\frac{4q_f L_0^2}{\pi^3}-\frac{\pi^2 EI d_1}{L_0^2}\right)\sin\left(\frac{\pi x}{L_0}\right) \quad (6.22)$$

其中最大弯矩出现在预屈曲管段的中点：

$$\begin{aligned}|M_d|_{max}&=EI\frac{d^2y}{dx^2}\bigg|_{x=\frac{L_0}{2}}=\frac{1}{1-\beta}\left(\frac{4q_f L_0^2}{\pi^3}-\frac{\pi^2 EI d_1}{L_0^2}\right)\sin\left(\frac{\pi x}{L_0}\right)\bigg|_{x=\frac{L_0}{2}}\\ &=\frac{1}{1-\beta}\left(\frac{4q_f L_0^2}{\pi^3}-\frac{\pi^2 EI d_1}{L_0^2}\right)\end{aligned} \quad (6.23)$$

四、评价方法及实施算例

整套预热方案的有效性可由最终保留在管道内的预张力的多少来评价。类似方程 (6.17)，预屈曲管段的最终静伸长量与保留的预张力之间存在以下关系：

$$\overline{S}_{pre}-H=\frac{AE}{L}\sum_i \int_{-L_{i0}/2}^{L_{i0}/2} \frac{1}{2}(y_i'^2-y_{i0}'^2)dx \quad (6.24)$$

式中 $\overline{S}_{pre}$——预热措施实施后最终保留在管道中的平均预张力，管道投产后将起到部分抵消热轴向力的作用；

L——管道总长度；

i——沿管道路由预屈曲管段的编号。

预热结束后，预屈曲管段的冷却回弹不能完全被第二次挖就的管沟约束，因此一些保留的预张力将被损耗，而损耗多少将取决于管道与海土之间作用的结果。下面以具体算例说明预热方案的设计过程。

为避免可以预见的垂向热屈曲，为 BZ35-2 油田 CEPA（中心 A 平台）到 BZ29-4 油田 WHPC（井口平台 C）的高温注水管道设计预热方案。该注水管道的基本参数及预热设计结果见表 6.5。

表 6.5 BZ35−2 至 BZ29−4 高温注水管道的预热设计
Table 6.5 Mainly anti−buckling design data for the water−injecting pipeline from BZ35−2 to BZ29−4

最大操作压力，kPa	11150	f_L^BE，N/m	401.28
设计压力，kPa	12270	f_L^LB，N/m	300.96
设计温度，℃	80	L_pre，m	60.6 [由式 (6.2) 计算]
腐蚀裕量，mm	3	e	$S/S_{1\mathrm{st}}$=0.25
管径	273.1mm O.D. × 14.3mm W.T.	d_1，m	≥ 2.83 [由式 (6.15) 计算]
管材	API 5L X65 SML	预屈曲数目	20
管道长度，km	8.2	预屈曲间距，m	200
沉没重量，N/m	836	L_s，m	100
海床侧向摩擦系数	0.36 ~ 0.48	$S_\mathrm{UHB-min}$，MN	0.644 (22.9℃)
海床轴向摩擦系数	0.25	p_pre，kPa*	1.1 × 12270
AE，MN	2406.6	S_pre，MN	0.56 [由式 (6.18) 计算]
EI，MN·m²	20.21	T_pre，℃	16.97 [由式 (6.16) 计算]
α，℃$^{-1}$	1.17 × 10^{-5}	H，MN	0.01
ν	0.25	$\bar{S}_\mathrm{pre}$，MN	0.36

*：预热措施可以与管道试压同步实施。

本节符号说明（Notation）

S——预屈曲管段的轴向力；

$S_{1\mathrm{st}}$——直管段第一阶模态侧向屈曲轴向力；

S_∞——对应 Hobbs 无穷模态的预屈曲临界轴向力；

R_∞——对应 Hobbs 无穷模态的管道初始不直度半径；

S_pre——预热措施获得的管道预张力；

$S_\mathrm{UHB-min}$——垂向屈曲最小临界轴向力；

H——管道铺设残余轴向力；

L_0——预屈曲波长；

AE——管道钢管层拉伸刚度；

EI——管道钢管层抗弯刚度；

α——钢管材线膨胀系数；

ν——钢管材泊松比；

f_L^LB——海床侧向摩擦阻力下限；

f_L^BE——海床侧向摩擦阻力上限；

f_a^LB——海床轴向摩擦阻力下限；

p_pre——管道预热表压；

T_pre——相对于安装温度的预热温度增量；

L_{pre}——第一次挖沟作业中各个预留管段的长度；
d_1——预留管段的初始挠度幅值；
L_s——预屈曲两侧管道的相向滑移量；
y_0——预屈曲管道段的初始铺设挠曲线函数；
y——预屈曲的挠曲线函数。

本章小节

（1）本章在分析计算的基础上给出了预热屈曲埋设技术的设计方法，从理论角度探讨了该技术实施过程中屈曲初始化的影响及最小预屈曲间距的选择方法，并给出了预热温度选择图版，从而将20世纪90年代Glamis管道预热设计的经验方法提升到了理论的高度。

（2）预热温度选择既要满足屈曲初始化管段的侧向屈曲要求，又要将预热引发的侧向屈曲控制在弹性的范围内，同时还要保证平管段的稳定。经预热屈曲埋设的管道冷却后在管壁内保留有一定的预张力，与直接埋设的管道相比其临界屈曲载荷显著提升，具有更高的热荷载承载能力。

（3）本章第四节提出了结合分阶段两次挖沟的预热止屈措施，并给出了详细的设计过程及计算方法。方案实施后能够在管道内引发并保留轴向张力，从而部分抵消管道投产后的轴向压力，提升管道的热稳定性。对常见的管道特征与海床条件而言，决定预热措施可靠与有效的关键在于赋予预屈曲管段足够的初始铺设挠度和选择合适的热水预热温度，以避免剧烈的预屈曲，预屈曲集中发生及意外的垂向屈曲。

（4）对结构更复杂的海底管道，例如单钢保温管道，如果侧向预屈曲得以准确设计并控制，预热措施将同样能够在管道钢管层内诱发预张力。对深水高温管道或者海床不具备挖沟条件的管道来说，可考虑选择垂向扰动法或分布浮力法等其他屈曲初始化技术替代小尺度扰动曲线铺设技术，但预热结束后尚缺乏足够的机制约束预屈曲管段的回弹，单纯依靠海床摩擦力的约束则容易大量损失管道预张力。预热过程中管道沿程温度变化的影响以及预热屈曲过程所涉及的复杂管土作用仍有待深入研究。

参考文献

[1] Jason Sun, Paul Juke, Han Shi. Thermal Expansion/Global Buckling Mitigation of HPHT Deepwater Pipelines, Sleeper or Buoyancy? Proceedings of the Twenty-second (2012) International Offshore and Polar Engineering Conference. Rhodes: 2012: 222-231.

[2] Systems and Methods for Reellaying Subsea Pipeline to Reducestrain in Use. United States Patent Application Publication, Pub. No.: US 2013/0216314 A1, Pub. Date: Aug. 22, 2013.

[3] Craig I G, Nash N W, Oldfield G A. Upheaval Buckling: A Practical Solution Using Hot Water Flushing Technique. Offshore Technology Conference, OTC6334, 1990: 539-550.

[4] Hobbs R E. In-service buckling of heated pipelines. Journal of Transportation Engineering, 1984, 110(2): 175-189.

[5] Global Buckling of Submarine Pipelines, Structural Design due to High Temperature/High

Pressure. Recommended Practice DNV-RP-F110,DET NORSKE VERITAS, 2007.

[6] Olav Fyrileiv, Olav Aamlid, Asle Vends. Analysis of Expansion Curves for Subsea Pipelines. Proceedings of the Sixth -lntemalional Offshore and Polar Engineering Conference, Los Angeles, USA, 1996: 66-73.

[7] Kapuria S, Salpekar V E, Sengupta S. In-Service Buckling of Submarine Pipelines with an Arbitrary Initial Out-of-Straightness. Proceedings of the Tenth International Offshore and Polar Engineering Conference, Seattle, USA, 2000: 226-233.

[8] Submarine Pipeline Systems. Offshore Standard DNV-OS-F101, DET NORSKE VERITAS, 2010.

第七章 结论与展望

一、本书的主要研究成果

（1）热荷载是高温海底管道的控制荷载，对温度应力及所引起的轴向应变进行准确分析是管道设计的重要环节。本书在位移形式微分平衡方程基础上，求解复杂定解问题，发展了新的刚性连接双钢管道系统温度应力计算解析模型，为高温管道系统的基本设计提供了新的支持。

（2）应用子结构单元能够在有限的计算机软硬件条件下模拟更大范围的管道结构，减少截取建模所带来的边界条件误差。本书提出的子结构单元与常规单元配合使用的建模方法，能够更准确地分析出高温管道在终端膨胀弯和海床摩擦力约束下的轴向变形与膨胀应力，为海底管道、膨胀弯、立管的一体分析提供了直接方法。

（3）在充分研究管道系统热屈曲特性的基础上，首次给出了刚性连接和柔性连接保温管道系统的侧向屈曲分析方法，以及单钢保温管道和跨越管道系统的垂向屈曲分析方法，并得到了实际高温管道项目的检验。

（4）高温管道的热屈曲评估既要包括热载荷下管道屈曲发生的判断，也要包括管道后屈曲应力的评价，所构建有限元模型一般需要包含几何非线性与边界条件非线性，但经典的解析公式能够用于有限元建模的指导，尤其是管道模拟范围的确定，本文的研究拓展了经典热屈曲解析公式的应用范围。

（5）预热屈曲埋设技术利用长波长、小幅度的低强度预屈曲，在埋设管道内引发预张力，提升管道的垂向热稳定性，其可行性已经在 Glamis 油田管道项目中得到了证明。Glamis 管道预热设计是参考同海域相同结构海底管道屈曲调查结果给出的，本书则在分析计算的基础上提出了预热埋设技术的理论设计方法，为该方案的推广应用奠定了基础。

（6）首次提出高温海底管道分阶段两次挖沟预热止屈技术，并给出了具体的实施步骤与设计计算解析公式。

二、对海底管道热屈曲研究的展望

在深水高温或超高温输送项目中，一般难以实施埋设，此时管道结构的热屈曲性能将成为设计选择的主导因素，因此需要进一步发展高温输送解决方案，完善利用低强度屈曲释放高温轴向力等措施，才可能提升管道结构的热承载能力，不断挑战深水高温输送的工程极限。具体地，相关研究工作应集中在以下几个方面：

1. 提出用于概念设计的分析模型

为了有效地控制侧向屈曲带来的风险，解决方案必须从概念设计阶段开始实施，由于概念设计阶段非线性有限元技术并不是理想的分析手段，所以需要发展新的分析模型。同时，现有的管道概念设计分析模型是基于钢材的弹性强度理论发展起来的，而侧向屈曲设计所需要的分析模型即需要涵盖首个加载周期的塑性变形，还需要包括后续弹性周期荷载引发的疲劳。

2. 完善详细设计阶段的有限元分析技术

详细设计阶段需利用非线性有限元技术对侧向屈曲解决方案进行分析，因此应在以下4个方面对管道热屈曲进行深入研究：屈曲分析的有限元数学模型，屈曲引发的管道应力集中，管道材料的弹塑性模型和管道—海土耦合模型，同时评估不同物理量的影响权重，获取有关参数敏感性的分析结果。

3. 完善海底管道的热屈曲控制准则

实际海底管道的热屈曲多发生在不平整的海床上，此时管道的侧向屈曲和垂向屈曲有可能同时发生，而且受海床地形的影响，屈曲的构形很有可能不局限在同一平面内，即引发面外的屈曲，从而在管道内引发一定的扭矩。由此可见，实际管道的热屈曲形变是十分复杂的，为满足侧向屈曲解决方案的需要必须针对不同的管道结构发展完善海底管道的热屈曲控制准则。

4. 完善屈曲解决方案的结构可靠性模型

管道铺设的自然挠度在铺设之前是不可知的，那么屈曲解决方案的不确定性将会始终存在，这种不确定性同时包含了管道侧向约束的不确定以及约束程度的不确定。本书认为需要研究上述不确定性，并尽量把它降低到使设计者有足够的信心来实施侧向屈曲解决方案的程度。结构可靠性模型能够量化出屈曲形态的概率和侧向屈曲设计可靠的概率，是解决这个问题的最合适工具，为此有必要发展基本屈曲形态的概率模型，用以计算出屈曲解决方案中管道各屈曲形态的概率。若概率预测结果与实际监测到的屈曲响应接近一致，那么结构可靠性模型将为屈曲初始化设计提供有力支持。

附录 A　特征值屈曲预测

有限元分析中可以通过线性特征值提取来预测弹性屈曲，对于刚性结构来说，由于屈曲前的响应接近线性，这种评估更接近真实情况。分析过程中，将扰动载荷被施加到结构的基本状态上，而临界屈曲载荷以扰动载荷的乘数形式获得。这里，结构的基本状态可以是任何类型线性或非线性响应的结束状态，它代表了扰动载荷被施加前的初始状态。

在特征值屈曲分析中，如下的物理问题得以提出：对于一个表面外力为 t^B，体力为 q^B，具有应力为 σ^B 的平衡体，我们考虑在附加面力 Δt，体力 Δb，边界位移 Δu 下的小变形梯度弹性变形。该变形作为附加载荷的响应，即为基本状态下的线性扰动，是在小位移梯度假设导出来的。因为这个问题是线性的，如果 $\Delta \sigma$ 是针对载荷 Δt，Δq 与 Δu 的应力响应，那么对于载荷 $\lambda \Delta t$，$\lambda \Delta q$ 与 $\lambda \Delta u$，应力响应将是 $\lambda \Delta \sigma$。每一个不同的 λ 值，都将对应于一个发生自基本状态的线性扰动，在这些被扰动的状态中，我们寻找特殊的 λ 值，该值允许以任意大小作为问题有效解的非零增量位移域的存在。这样的非零增量位移域即为线性扰动分析得到的屈曲模态。

另外，在屈曲分析过程中，一般对基本状态的几何形态和线性扰动引起的构形不作区分，但需要找到应力 $\sigma^B + \lambda \Delta \sigma$、面力 $t^B + \lambda \Delta t$、体力 $q^B + \lambda \Delta q$ 下离开基本状态几何的增量位移作为屈曲模态。

如果以 X 代表基本状态中物质点的位置，屈曲过程中当前构形的平衡方程可以表达为

$$\int_{V^B} P : \frac{\partial \nabla}{\partial X} \mathrm{d}V^B = \int_{S^B} P \cdot \nabla \mathrm{d}S^B + \int_{V^B} b \cdot \nabla \mathrm{d}V^B \tag{A.1}$$

式中　∇——一个任意的虚速度域；

P——基本状态下体边界 S^B 上的公称面力；

b——基本状态下单位体积的体力；

V^B——基本状态中结构的体积。

上述方程的速率形式如下：

$$\int_{V^B} \dot{P} : \frac{\partial \nabla}{\partial x} \mathrm{d}V^B = \int_{S^B} \dot{P} \cdot \nabla \mathrm{d}S^B + \int_{V^B} \dot{b} \cdot \nabla \mathrm{d}V^B \tag{A.2}$$

用基尔霍夫（Kirchhoff）应力速率 $\dot{\tau}$，速度梯度 L，虚速度梯度 L^- 与变形梯度 F 来表达上式的左侧，应用到关系 $P = \tau F^{-T}$，这里 τ 为基本状态的基尔霍夫应力，另有 $\dot{F} = L \cdot F$，所以上述方程可以写为

$$\int_{V^B} \dot{P} : \frac{\partial \nabla}{\partial X} \mathrm{d}V^B = \int_{V^B} \left[\dot{\tau} : L^- - (\tau \cdot L^T) : L^- \right] \mathrm{d}V^B \tag{A.3}$$

再利用基尔霍夫应力的速率 $\dot{\tau}$，$\omega = \frac{1}{2}(L - L^T)$，及基尔霍夫应力的 Jaumann 速率 τ^∇ 之间的关系转变上述表达式为

$$\int_{V^B} \dot{P} : \frac{\partial \nabla}{\partial X} dV^B = \int_{V^B} \left[\tau^\nabla : \overline{D} + \tau : (L^T \cdot L - 2D \cdot \overline{D}) \right] dV^B \tag{A.4}$$

由于分析过程中不需要区分当前构形与基本状态构形，我们可以用柯西（Cauchy）应力 σ 来代替基尔霍夫（Kirchhoff）应力 τ。对于方程的右侧，公称面力 P 和体力 b 由 $p=t\mathrm{d}S/\mathrm{d}S^B$ 和 $b=q\mathrm{d}V/\mathrm{d}V^B$ 给出，这里 $\mathrm{d}S$ 和 $\mathrm{d}V$ 是当前构形的面元和体积元。对于任何物质点，屈曲过程中 t 与 q 的变化是由该点的变形梯度变化来表现的。即在任何物质点，所施加的力的大小是保持不变的，其面力与体力强度的变化是由于几何的变化产生的。例如，对一个压强载荷来说，若压强大小保持不变而表面法向发生变化，则变形梯度也改变了。

因为基本构形与当前构形之间的表面积与体积尺寸的变化率可以被看作是变形梯 F 的函数，所以在任何给定的物质点，P 与 b 仅随变形梯度的变化而变化。因此他们的速率变化可以写为

$$\dot{P} = \frac{\partial P}{\partial F} : \dot{F} \quad \text{及} \quad \dot{b} = \frac{\partial b}{\partial F} : \dot{F} \tag{A.5}$$

即

$$\dot{P} = \frac{\partial P}{\partial F} : L \quad \text{及} \quad \dot{b} = \frac{\partial b}{\partial F} : L \tag{A.6}$$

对于一个亚弹性的本构关系：$\tau^\nabla = C(\sigma):D$，这里 $C(\sigma)$ 是代表当前应力的四阶张量，屈曲分析的控制方程变为：

$$\int_{V^B} \overline{D} : C(\sigma^B) : D \mathrm{d}V^B + \int_{V^B} (\sigma^B + \lambda \Delta \sigma) : (L^T \cdot L - 2D \cdot \overline{D}) \mathrm{d}V^B - \int_{S^B} \nabla \cdot \left(\frac{\partial P^B}{\partial F} : L \right) \mathrm{d}S^B \\ - \int_{S^B} \nabla \cdot \left(\frac{\partial \lambda \Delta P}{\partial F} : L \right) \mathrm{d}S^B - \int_{V^B} \nabla \cdot \left(\frac{\partial b^B}{\partial F} : L \right) \mathrm{d}V^B - \int_{V^B} \nabla \cdot \left(\frac{\partial \lambda \Delta b}{\partial F} : L \right) \mathrm{d}V^B = 0 \tag{A.7}$$

其中，P^B 与 $\lambda \Delta P$ 是屈曲过程中生成的公称面力，分别对应着基础状态的面力 t^B 与线性扰动的面力 Δt。上述方程适用于弹性、亚弹性和超弹性，但不包括速率影响和塑性。

下面推导上述表达式的有限元离散方程，为此我们引入内插：

$$V = v^N N^N(X) \tag{A.8}$$

这里 X 代表基础状态的位置，用常规有限元方法，屈曲控制方程具有如下标准特征值问题的形式。

$$\left(K_0^{NM} + \lambda K_\Delta^{NM} \right) v^M = 0 \tag{A.9}$$

式中 K_0^{NM}——基本状态刚度，为亚弹性切线刚度、初始应力刚度、与载荷刚度的总和；

K_Δ^{NM}——微分刚度。

有

$$K_0^{NM} = \int_{V^B} \left(\frac{\partial N^N}{\partial X}\right)_{sym} : C(\sigma^B) : \left(\frac{\partial N^M}{\partial x}\right)_{sym} dV^B +$$
$$\int_{V^B} \sigma^B : \left[\left(\frac{\partial N^N}{\partial x}\right)^T \cdot \frac{\partial N^M}{\partial x} - 2\left(\frac{\partial N^M}{\partial x}\right)_{sym} \cdot \left(\frac{\partial N^N}{\partial x}\right)_{sym}\right] dV^B - \quad \text{(A.10)}$$
$$\int_{S^B} N^N \cdot \frac{\partial P^B}{\partial u^M} dS^B - \int_{V^B} N^N \cdot \frac{\partial b^B}{\partial u^M} dV^B$$

这里 $\partial p^B / \partial u^M$ 与 $\partial b^B / \partial u^M$ 是公称面力与体力关于节点位移的导数。载荷刚度项里的偏微分，对应于 $F=I$，可由 $u^M=0$ 求得。

例如，方程中的表面力载荷刚度项：

$$\nabla \cdot \left(\frac{\partial P^B}{\partial F} : L\right) \quad \text{(A.11)}$$

转化成有限元表达式为

$$N^N \cdot \left(\frac{\partial P^B}{\partial F} : \frac{\partial N^M}{\partial X}\right) v^M = N^N \cdot \frac{\partial P^B}{\partial u^M} v^M$$
$$F = I + \frac{\partial N^K}{\partial X} u^K \quad \text{(A.12)}$$

扰动应力产生的初始应力刚度和扰动载荷产生的载荷刚度之和，构成了差分刚度。

$$K_\Delta^{NM} = \int_{V^B} \Delta\sigma : \left[\left(\frac{\partial N^N}{\partial x}\right)^T \cdot \frac{\partial N^M}{\partial x} - 2\left(\frac{\partial N^M}{\partial x}\right)_{sym} \cdot \left(\frac{\partial N^N}{\partial x}\right)_{sym}\right] dV^B - \quad \text{(A.13)}$$
$$\int_{S^B} N^N \cdot \frac{\partial \Delta P}{\partial u^M} dS^B - \int_{V^B} N^N \cdot \frac{\partial \Delta b}{\partial u^M} dV^B$$

上述表达式中的应力刚度矩阵是对称的，载荷刚度矩阵仅当载荷是保守力的时候才是对称的。

若以 P^N 来表示归一化的节点载荷（此时施加的力为 t^B、q^B，位移为 u^B），以 Q^N 表示由 Δt、Δq 与 Δu 带来的节点载荷，分析得到的屈曲载荷为 $P^N + \lambda_i Q^N$，此时的特征值 λ_i 代表了该乘数，而与 λ_i 相对应的特征向量 v_i^N 则提供了屈曲模态。

附录 B 改进的 Riks 算法

解决不稳定平衡问题的方法已经推出了若干种，这些方法中最为成功的要数"改进的 Riks 方法"，见 Crisfield，Ramm，Powell 和 Simons 的文献。不稳定平衡问题的载荷—位移响应曲线中载荷与位移的单调关系在响应的历程中可能会发生变化，改进的 Riks 方法则为求解这类问题有效解的算法。在 Riks 算法中，加载过程被假设为按比例的，即所有的载荷大小同时随某个标量参数变化。同时需要假设这个响应是光滑的，即突然的分叉不会发生。

该方法的本质在于，失稳过程的解被看作是节点变量和加载参数所定义的空间中的一个平衡路径，而最基本的算法仍然是牛顿法，因此在计算过程中，将有一个有限的收敛半径。另外，很多材料对载荷的响应是与路径相关的，所以有必要在计算过程中限制增量的大小。

在改进的 Riks 方法中，载荷—位移空间中平衡路径的增量的大小即为沿切线方向到当前求解点所移动的距离，而该距离的大小是由与收敛速度相关的自动增量算法所决定的，在计算过程中，需要在通过求解点并且垂直于切线的平面内寻找载荷—位移空间中的平衡点。

设 P^N（$N=1, 2, \cdots$，有限元模型总自由度的数目）为载荷模式，由一个或更多的载荷项所定义。设 λ 是载荷大小的标量参数，所以在任何时候，实际载荷为 λP^N，设 u^N 是此时的位移。

改进的 Riks 方法在初次（线性）迭代时，需要测量位移变量 $\bar{u}$ 的最大绝对值后对度量空间进行划分，其中将载荷表示为：$\lambda \tilde{P}^N$，$\tilde{P}^N = P^N/\bar{P}$，$\bar{P} = \left(P^N P^N\right)^{\frac{1}{2}}$；将位移（弧长）表示为：$\tilde{u}^N = u^N/\bar{u}$。在这个度量空间中，向量 $(\tilde{u}^N; \lambda)$ 所代表的一系列连续的平衡点构成了解的路径。计算过程如图 B.1 所示。

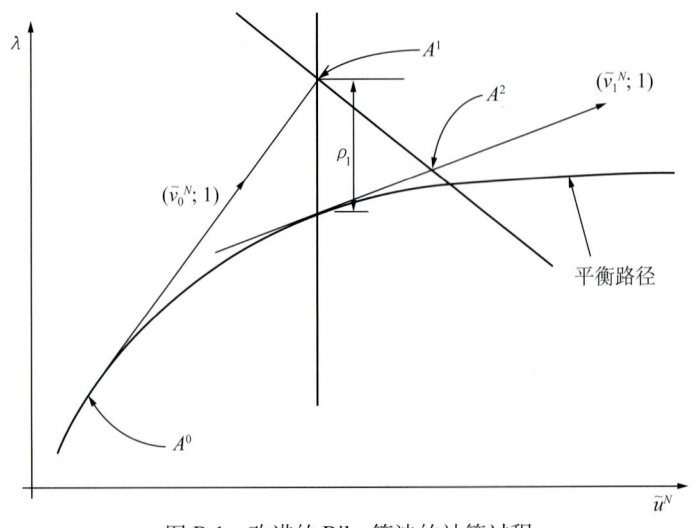

图 B.1 改进的 Riks 算法的计算过程
Figure B.1 Modified Riks algorithm

假设,解发展到点 $A^0 = (\tilde{u}_0^N; \lambda_0)$,形成切线刚度 K_0^{NM} 后求解:

$$K_0^{NM} v_0^M = P^N \tag{B.1}$$

增量尺寸(图 B.1 中从 A^0 到 A^1)由解空间中指定的路径长度 Δl 确定,所以有

$$\Delta \lambda_0^2 (\tilde{v}_0^N; 1) : (\tilde{v}_0^N; 1) = \Delta l^2 \tag{B.2}$$

因此

$$\Delta \lambda_0 = \frac{\pm \Delta l}{\left(\tilde{v}_0^N \tilde{v}_0^N + 1 \right)^{\frac{1}{2}}}$$

其中

$$\tilde{v}_0^N = v_0^N / \bar{u}$$

Δl 是分析前设定的,并由自动载荷增量算法根据实际收敛速度做出适当调整。$\Delta \lambda_0$ 表达式中符号的选择需要满足如下关系:$\Delta \lambda_0 (\tilde{v}_0^N; 1)$ 与先前增量 $(\Delta \tilde{u}_{-1}^N; \Delta \lambda_{-1})$ 点积为正,即

$$\Delta \lambda_0 (\tilde{v}_0^N; 1) : (\Delta \tilde{u}_{-1}^N; \Delta \lambda_{-1}) > 0$$

或

$$\Delta \lambda_0 (\tilde{v}_0^N \Delta \tilde{u}_{-1}^N + \Delta \lambda_{-1}) > 0 \tag{B.3}$$

这样,可以获得平衡点 $A^1 (\tilde{u}_0^N + \Delta \lambda_0 \tilde{v}_0^N; \lambda_0 + \Delta \lambda_0)$,然后在过 A^1 点垂直于向量 $(\tilde{v}_0^N; 1)$ 的平面内将解点 A^1 进一步纠正到平衡路径上去,这个过程是通过如下迭代算法实现的:

首先进行初始化:$\Delta \lambda_i = \Delta \lambda_0$,$\Delta u_i^N = \Delta \lambda_0 v_0^N$

对于第 i 迭代步,
(1) 生成 I^N、K^{NM}:

$$I^N = \int_V \beta^N : \sigma \mathrm{d}V \text{ 和 } K^{NM} = \frac{\partial I^N}{\partial u^M} \tag{B.4}$$

在解点 ($u_0^N + \Delta u_i^N$;$\lambda_0 + \Delta \lambda_i$)。

(2) 检查平衡:

$$R_i^N = (\lambda_0 + \Delta \lambda_i) P^N - I^N \tag{B.5}$$

如果 R_i^N 足够小,那么该增量步已经收敛;如果不是,那么需要进行下一步。

(3) 求解:

$$K^{NM} \{v_i^M; c_i^M\} = \{P^N; R_i^N\} \tag{B.6}$$

即同时求解两个载荷向量,P^N 与 R^N,获得两个位移向量,v_i^N 与 c_i^N。

(4) 依比例确定向量 $(\bar{v}_i^N; 1)$,并把它加到 $(\bar{c}_i^N; p_i)$ 上,这里 $\rho_i = R_i^N P^N / \bar{P}^2$ 是迭代误

差在 $\tilde{P}^N$ 平面上的投影,这样当前解点在垂直于 $(\tilde{v}_0^N;1)$ 的平面上从 A^i 移动到了 A^{i+1}。根据方程（B.7）：

$$\{(0;-\rho_i)+(\tilde{c}_i^N;\rho_i)+\mu(\tilde{v}_i^N;1)\}:(\tilde{v}_0^N;1)=0$$

其中

$$\mu=-\frac{\tilde{c}_i^N \tilde{v}_0^N}{\tilde{v}_i^N \tilde{v}_0^N+1} \tag{B.7}$$

求解点 A^i 为：

$$(u_0^N+\Delta u_i^N+c_i^N+\mu v_i^N;\lambda_0+\Delta\lambda_i+\mu) \tag{B.8}$$

(5) 进入下一步迭代：

$$\Delta u_{i+1}^N=\Delta u_i^N+c_i^N+\mu v_i^N,\quad \Delta\lambda_{i+1}=\Delta\lambda_i+\mu,\quad i=i+1 \tag{B.9}$$

然后返回到第（1）步骤继续进行。

在每个迭代步后附加如下的校正：

$$v_0^N=v_i^N \tag{B.10}$$

上式所提供的条件能够保证平衡路径的发展垂直于最后的切线,而不是增量开始时的切线。这个附加校正在使用该方法分析塑性问题时是必须的,这是因为塑性条件下,在每一增量的第一次迭代中由弹性刚度确定的应变方向,难以准确表明平衡路径的实际切线方向。